高等学校新体系土木工程系列教材

BIM技术与应用
——Revit 2023建筑与结构建模

汪德江　宋少沪

朱杰江　李　莉　戴柳丝　编著

U0201440

中国教育出版传媒集团

高等教育出版社·北京

内容提要

本书包括两部分内容：BIM 的概念与应用、Revit 2023 软件的操作。BIM 的概念与应用部分主要介绍 BIM 的概念与特征，BIM 在建筑设计、预算、施工、运维等各阶段的应用，以及智能建造、机器人、人工智能等新技术与 BIM 的融合应用；Revit 2023 软件操作部分从 Revit 软件的基础操作入手，结合实例讲解 Revit 软件各功能的具体操作方法，包括标高、轴网、墙体、柱、梁、门窗、楼板、楼梯、钢筋等的创建与修改，以及视图与显示设置、材质的创建与修改、CAD 图纸的链接与生成、协同操作、族的制作等。

本书配套丰富的数字化教学资源，包括 BIM 应用案例、Revit 软件操作视频、全书四色插图等，读者扫描二维码即可学习使用。本书编者主讲的在线开放课程"BIM 技术与应用"在中国大学 MOOC 多次开课，于 2021 年获评上海市一流在线开放课程。

本书可作为高等学校本科、高职高专的土木工程、建筑学、城市规划、工程管理等专业的 BIM 课程教材，也可作为从事 BIM 应用的工程技术人员的参考用书。

图书在版编目（C I P）数据

BIM 技术与应用：Revit 2023 建筑与结构建模／汪德江等编著. -- 北京：高等教育出版社，2023.7（2025.1 重印）

ISBN 978-7-04-060070-4

Ⅰ. ①B… Ⅱ. ①汪… Ⅲ. ①建筑设计-计算机辅助设计-应用软件 Ⅳ. ①TU201.4

中国国家版本馆 CIP 数据核字（2023）第 036719 号

BIM JISHU YU YINGYONG——Revit 2023 JIANZHU YU JIEGOU JIANMO

| 策划编辑 | 赵湘慧 | 责任编辑 | 元　方 | 封面设计 | 李小璐 | 版式设计 | 王艳红 |
| 责任绘图 | 李沛蓉 | 责任校对 | 张　薇 | 责任印制 | 刁　毅 | | |

出版发行	高等教育出版社	网　　址	http://www.hep.edu.cn
社　　址	北京市西城区德外大街 4 号		http://www.hep.com.cn
邮政编码	100120	网上订购	http://www.hepmall.com.cn
印　　刷	涿州市京南印刷厂		http://www.hepmall.com
开　　本	787mm×1092mm　1/16		http://www.hepmall.cn
印　　张	20		
字　　数	430 千字	版　　次	2023 年 7 月第 1 版
购书热线	010-58581118	印　　次	2025 年 1 月第 3 次印刷
咨询电话	400-810-0598	定　　价	41.50 元

本书如有缺页、倒页、脱页等质量问题，请到所购图书销售部门联系调换

BIM 技术与应用

——Revit2023建筑与结构建模

1 计算机访问https://abooks.hep.com.cn/60070，或手机扫描二维码，访问新形态教材网小程序。

2 注册并登录，进入"个人中心"，点击"绑定防伪码"。

3 输入教材封底的防伪码（20位密码，刮开涂层可见），或通过新形态教材网小程序扫描封底防伪码，完成课程绑定。

4 点击"我的学习"找到相应课程即可"开始学习"。

BIM技术与应用——Revit 2023建筑与结构建模

作者 汪德江 宋少沪 朱杰江 李 莉 戴柳丝 编著

出版单位 高等教育出版社

出版时间 2023-06-30

ISBN 978-7-04-060070-4

本书数字资源与纸质教材一体化设计，紧密配合，内容包括教学案例、操作演示、实践作业等扩展材料，充分运用多媒体资源，极大地丰富了知识的呈现形式，扩展了教材内容。

绑定成功后，课程使用有效期为一年。受硬件限制，部分内容无法在手机端显示，请按提示通过计算机访问学习。

如有使用问题，请发邮件至 abook@hep.com.cn。

扫描二维码
访问新形态教材网小程序

前　言

　　BIM(建筑信息模型)技术是工程建设领域的一门新兴技术,以其独特的优势引领着工程建设领域的信息技术革命,成为推动该领域实现数字化、信息化的基础力量。BIM 技术所架构的图形、数据、信息于一体的集成平台,在项目建设各阶段提供共建共享的技术支撑,成为工程建设领域技术进步的标志。

　　熟练掌握并应用 BIM 技术,已成为信息化时代土木工程、建筑学、城市规划、工程管理等专业学生必备的工程技术能力。学生通过理解 BIM 的概念、掌握 BIM 软件的操作技能、思考 BIM 的发展前景,从工程建设全局出发,关注信息技术变革对行业发展的巨大推动和深远影响,从而全面提升工程素养。

　　本教材包括两部分内容:BIM 的概念与应用、Revit 2023 软件的操作。BIM 的概念与应用部分主要介绍 BIM 的概念与特征,BIM 在建筑设计、预算、施工、运维等阶段的应用,同时,讲授智能建造、机器人、人工智能、VR、MR、无人机、三维激光扫描等新兴科技与 BIM 的融合应用,使学生了解 BIM 技术支撑下工程建设领域的发展与前景;Revit 2023 软件的操作部分则从 Revit 软件的基础操作入手,通过案例讲解 Revit 软件的操作方法,让学生真正理解与掌握 Revit 软件建模操作的原理,掌握使用 Revit 软件进行 BIM 建模的技能。

　　本教材包括 17 章内容。第 1—3 章主要讲解 BIM 的基本概念,以及在设计、预算、施工、运维等阶段的应用,拓展介绍了 BIM 与各种新兴科学技术的融合应用。第 4—13 章主要讲解 Revit 2023 软件的操作方法,包括标高、轴网、墙、柱、梁、门窗、楼板、楼梯、钢筋等的创建与修改,视图与显示的设置,材质的创建与修改等。第 14 章讲授 Revit 软件如何链接与生成 CAD 图纸,第 15 章讲授 Revit 软件的多人协同操作方法,第 16 章讲解 Revit 软件中"族"的制作方法,第 17 章以一个小别墅综合项目为例,讲解 Revit 软件在实际工程项目中建模操作的流程。各章均附有实践作业,便于读者检验学习效果。

　　本教材具有如下特色:

　　(1)案例引领

　　教材注重案例讲解。全书结合案例讲解 Revit 软件的操作,帮助学生高效掌握 Revit 软件的建模方法。

　　(2)由浅入深

　　教材针对 BIM 初学者的特点和需求,从 Revit 软件的基础操作开始讲解,且所有操作均有详细的步骤示例,便于学习者循序渐进地掌握 BIM 技术。

(3)学为中心

教材注重与多媒体技术的融合。教材中的工程案例和操作示例均配有相应的视频,学生扫描二维码即可浏览相关视频。通过多媒体技术与纸质教材的融合,助力学生自我提升。

(4)立足前沿

教材注重介绍新技术与 BIM 的结合应用。通过讲解智能建造、机器人、人工智能等新技术与 BIM 的融合应用,提升学生对新技术的学习兴趣,拓展学生的视野。

(5)资源开放

教材配套在线开放课程。本书编写团队在中国大学 MOOC 开设的"BIM 技术与应用"在线开放课程于 2021 年获评上海市一流在线开放课程,学生可以结合在线开放课程,更好地使用本教材进行学习。

本教材由上海大学土木工程系 BIM 中心汪德江、宋少沪、朱杰江、李莉、戴柳丝编写,研究生王浩宇、斯雨宁、李樊、杨文欣、黄江明、陆豪杰、黄玉平、蒋泉明、辜胜坤、陈丽君、方元昊、刘金正、刘伯隆参与了资料整理工作。同济大学赵宪忠教授审阅书稿并提出修改意见,在此表示衷心感谢。

本教材融入了编写团队多年的 BIM 教学和项目实践经验,但难免存在疏漏和不妥之处,敬请广大读者不吝指正。如需获取更多教学资源,可与编者邮件联系:djwang @ shu. edu. cn。

编者

2022 年 10 月于上海

目　　录

第 1 章　BIM 概述

1.1　BIM 的概念

BIM(building information modeling)的中文名称为"建筑信息模型",是基于数字化三维建筑模型的建设工程信息集成和管理技术。

BIM 技术是采用 BIM 建模软件构建三维建筑模型并集成建筑中所有构件、设备等的属性信息,包括物理特性、功能特性等,使计算机程序可以读取、识别、利用模型信息,从而实现设计、施工、运维等的信息化。

同时,BIM 是基于公共标准化协同作业的共享数字化模型,项目各参与方(建设、设计、施工、运维和咨询等)可以共享统一的建筑信息模型进行设计、施工、管理、运维等,且能够随着建设项目的进行不断深化和修改。模型对于项目各参与方所传递的信息是一致的、同步的,从而实现项目的协同管理,减少工程错误,节约成本,提高工程质量和效益。

下面介绍 BIM 中三个词汇的含义。

1. 建筑(building)

BIM 中的建筑是广义的,即不仅包含建筑,还包含工程建设的其他领域,包括道路、桥梁、港口、隧道、岩土、机场等。因此,BIM 技术不仅仅能够实现建筑的信息化,也能够实现整个工程建设行业的信息化。

2. 信息(information)

BIM 中的信息应该从两方面来理解:

首先,BIM 中的信息不仅仅包括传统图纸中的信息,也包括工程建设中的其他各类工程信息,既包括技术信息,也包括管理信息。也就是说,BIM 中的信息包括设计、施工、运维等全生命周期中的所有工程信息。

其次,BIM 中的信息是有明确工程实际含义的信息,可被计算机识别。传统的 CAD 图纸仅仅是图纸的电子化,其所包含的内容对于计算机来说,是不包含工程属性信息的。如图 1.1 所示 CAD 图纸中的墙线,对于工程人员来说表示墙,但对于计算机来说仅仅是两条线,其到底对应何种工程构件,计算机是不知道的。

但 BIM 模型的墙(图 1.2)已经明确包含了墙的类别属性,且可被计算机识别。而且,该墙的属性不仅包含了墙的类别,还包含了该墙的位置、高度、材料组成等信息。可见,BIM 中的信息为工程建设行业的信息化提供了基础数据平台,计算机可读取并使用该信息,实现数字化、信息化的设计、施工与运维等。

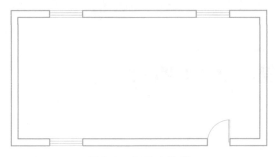

图 1.1　CAD 中的墙

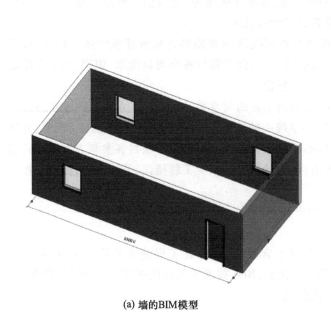

(a) 墙的BIM模型

(b) 墙的BIM属性

图 1.2　BIM 模型中的墙与属性信息

3. 模型(modeling)

BIM 中的模型包含两方面含义:模型(model)与模型化(modeling),即 BIM 既是模型结果,又是模型过程。

(1) BIM 作为模型结果。即 BIM 技术能够创建建筑的三维模型,且该三维模型与传统的三维建筑模型有着本质的区别。传统的三维建筑模型仅仅包括建筑的几何信息,但 BIM 模型则兼具物理特性与功能特性。其中,物理特性包括尺寸、外观、位置等几何信息,也包括强度、密度等物理信息;而功能特性是指模型具备了所有一切与该建设项目有关的工程信息。

（2）BIM 作为模型过程。BIM 是一种过程，是在模型形成中，各参与方交互创建、更新、细化 BIM 模型的过程，也是在模型的使用中，各参与方共享 BIM 模型与信息的过程，更是各参与方利用 BIM 模型信息，在建筑全生命周期内的设计、施工、运维等各个阶段，实现设计、施工和运维信息化的过程。BIM 作为模型过程，能够动态反映各参与方的需求，支持各参与方的工作。

BIM 不仅采用三维模型替代 CAD 图纸，还通过更智慧、更高效的方式，改变传统的设计、施工、运维模式；BIM 不仅是一次技术变革，同时也是一次业务流程与模式的变革，将会带动整个工程建设行业的流程再造。

1.2　BIM 的起源

虽然 BIM 技术近几年才兴起，但是其思想起源是很早的。

1974 年 9 月，美国佐治亚理工学院的 Charles Eastman（学术界常称之为 Chuck Eastman）教授和他的合作者在其研究报告《建筑描述系统概述》（*An Outline of Building Description System*）中指出了计算机辅助建筑设计存在的问题，提出了建立建筑描述系统（building description system，BDS）以解决上述问题的思想，并在该文章中提出了 BDS 的概念性设计。

Chuck Eastman 随后于 1975 年 3 月在其发表的论文《在建筑设计中采用计算机替代图纸》（*The Use of Computer Instead of Drawings in Building Design*）中介绍了 BDS，并陈述了以下观点：

（1）计算机进行建筑设计应该是在空间中进行三维构件的组合。

（2）设计成果应包含相互作用且具有明确定义的建筑构件，可以直接获得剖面图、平面图、轴测图或透视图等；任何修改，均可进行一致更新。

（3）提供单一的集成数据库用以进行视觉分析及量化分析，检测空间冲突，绘制图纸等。

（4）大型项目承包商使用该种表达方法更便于工程调度和材料订购。

该观点基本反映了 BIM 的主要特征，因此 Chuck Eastman 教授被誉为"BIM 之父"。

2002 年，Autodesk 公司收购 Revit 技术公司（Revit Technology Corporation）之后，发布了名为 *Building Information Modeling* 的白皮书。

2002 年 12 月 16 日，美国行业分析师 Jerry Laiserin 发表了题为 *Comparing Pommes and Naranjas* 的文章，虽然文章题目为苹果与橙子的比较，但其内容则讲述了 CAD 与 BIM，并阐述了 building、information、modeling 这三个单词的含义，论述了使用 BIM 这一词汇来表述新一代设计软件的合理性。Jerry Laiserin 这篇文章的发表，为 BIM 概念的推广起到了极大的促进作用。

1.3　BIM 的特征

BIM 的主要特征包括:可视化、一体化、实体化、信息化、共享性。

1. 可视化

可视化即"所见即所得",BIM 可以将建筑及构件以三维方式呈现出来,生动展示项目的整体布局,并可反映不同构件之间的相关关系,比 CAD 图纸更形象、更直观(图 1.3,图 1.4,视频 1.1)。

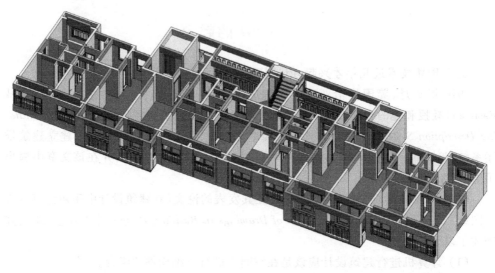

图 1.3　可视化案例一

视频 1.1 可视化案例

图 1.4　可视化案例二

设计方可以直接采用三维方式进行设计,以三维方式查看当前的设计效果,从而避免因平面 CAD 图纸设计严重依赖于设计人员的想象力而产生设计错误的问题。

同时,传统施工中,施工技术人员只能通过查看二维施工图纸理解工程,容易造成理解偏差,导致施工错误的发生,而 BIM 的可视化则有效避免了这类理解偏差的产生。

可视化也为项目各参与方提供了一个直观的可视化平台,提高各参与方沟通、讨论、决策的效率,显著减少了各参与方的沟通成本。

2. 一体化

一体化是指贯穿设计、施工、运维等的工程项目全生命周期的一体化。

一体化包括两个方面:项目参与方的一体化、时间流程上的一体化。

项目参与方的一体化是指项目的所有参与方,包括建设方、设计方、施工方、运维方等,都基于一个 BIM 模型开展工作,从统一的 BIM 模型提取信息,实现各参与方的统一与协调(图 1.5a)。

时间流程上的一体化是指在项目的各个阶段,包括可行性研究、规划、设计、施工、运维等阶段,都统一使用一个模型进行工作。BIM 模型通过全生命周期内不断的更新与细化,实现基于统一 BIM 模型的全生命周期信息化管理(图 1.5b)。

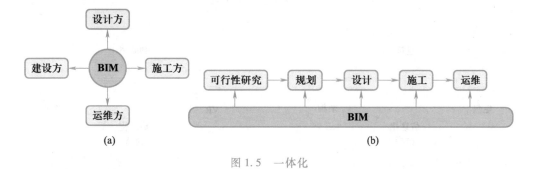

图 1.5　一体化

3. 实体化

实体化指模型是有工程实体属性的。BIM 模型中的构件和真实的工程构件一样,具有真实构件的所有属性信息。BIM 的实体化特征解决了计算机无法识别 CAD 图纸构件的问题,使得计算机可以轻松识别与使用 BIM 模型中的工程属性信息,从而实现信息化的设计、施工与运维等。如图 1.6 所示,BIM 模型中的梁被赋予构件类别与属性,使得计算机能准确识别该梁的属性与信息。

4. 信息化

信息化是指 BIM 集成了工程项目相关的各种工程信息。信息化是 BIM 的核心价值。依托于 BIM 的信息,各专业设计人员可以从中提取自己需要的内容,进行各专业的设计分析(图 1.7a);预算人员可以从中提取工程量信息,进行工程预算;施工人员可以从中提取施工信息,进行工程施工管理。

同时,BIM 技术的信息化也为工程行业的新科技应用提供了可能。BIM 模型包含的工程信息能够实现与人工智能、VR、智能建造、大数据、物联网等新科技的互通,从而为新技术应用于工程领域提供信息支撑(图 1.7b)。

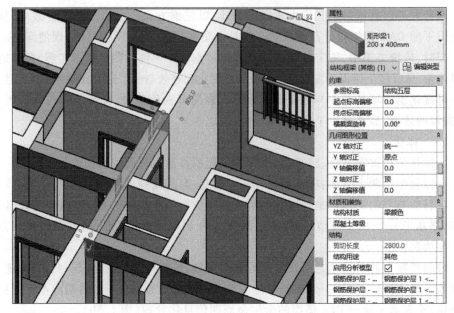

图 1.6　实体化

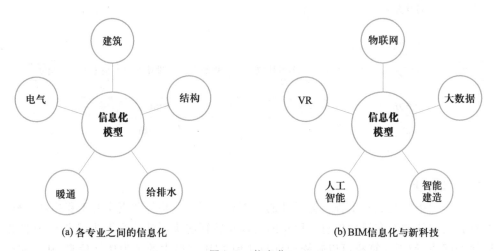

(a) 各专业之间的信息化　　　　　　　　(b) BIM信息化与新科技

图 1.7　信息化

5. 共享性

共享性包含三层含义:

第一层含义是指项目各参与方的共享,包括建设方、设计方、施工方、运维方等的共享。各参与方共享 BIM 三维模型,共享 BIM 信息数据。

第二层含义是指项目全过程、全生命周期的数据共享,即指项目在设计、施工、运维等各个阶段都可以共享 BIM 模型与信息数据。

第三层含义是指各参与方内部的共享,即利用统一的模型信息,提高企业内部沟通与协调的效率。图 1.8 所示为施工企业内部的 BIM 共享。

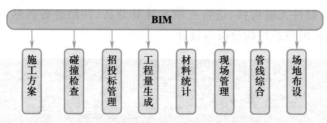

图 1.8　施工企业内部的 BIM 共享

1.4　BIM 软件

目前,市场上的 BIM 软件很多,但主流 BIM 软件主要有 Autodesk、Bentley、CATIA 三个系列。

1.4.1　Autodesk 系列 BIM 软件

Autodesk 系列 BIM 软件主要包括 Revit、Navisworks、Robot Structural Analysis、Recap Pro 等。其中 Revit 软件的主要功能是建筑的三维设计与建模(图 1.9),Navisworks 软件的主要功能是漫游与碰撞检查(图 1.10),Robot Structural Analysis 软件可基于 Revit 软件进行结构设计,Recap Pro 软件可进行三维激光点云处理。

图 1.9　Revit 软件

Revit 软件主要适用于建筑项目 BIM 设计,其功能丰富、界面友好、价格相对较低,因此在国内外拥有极高的市场占有率。Revit 软件不仅可以进行建筑、结构专业的 BIM 设计,还可以进行给排水、电气、暖通专业的 BIM 设计,因此能够完成全专业的 BIM 设计。

Navisworks 软件可以利用 Revit 软件创建的 BIM 模型实现漫游功能,并可进行各专业之间的碰撞检查,同时也可以进行项目的施工进度模拟。

Robot Structural Analysis 软件是 Autodesk 推出的与 Revit 软件配套的结构分析软

件,能够与 Revit 软件无缝衔接,进行有限元计算分析,并结合各国结构设计规范,实现基于 Revit 软件的建筑结构分析与设计。

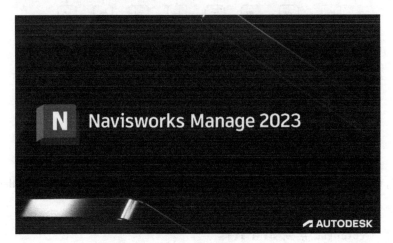

图 1.10　Navisworks 软件

Recap Pro 软件是三维激光点云处理软件,可以查看、编辑三维激光点云,并生成三维模型。

Autodesk 系列 BIM 软件,目前采用年费制,每套软件的费用在每年 1 万元①左右。

1.4.2　Bentley 系列 BIM 软件

Bentley 系列 BIM 软件主要面向大型基础设施,如桥梁、道路、地铁等。Bentley 系列软件注重市场细化,因此种类繁多,但其底层平台统一采用 MicroStation,故各软件的格式是统一的,均为 dgn 格式。

Bentley 系列 BIM 软件的价格昂贵,每套软件的价格平均几十万元左右,这与该软件面向的市场方向有关,其主要面向大型基础设施,投资规模大,但项目数量少,因此,软件价格居高不下。

Bentley 系列 BIM 软件包括:MicroStation(基础三维图形平台,图 1.11)、Project-Wise(设计协同平台)、OpenBridge Modeler(桥梁建模,图 1.12)、OpenBridge Designer(桥梁设计)、OpenRoads Designer(道路设计,图 1.13)、OpenBuildings Designer(建筑设计,旧版本名称为 AECOsim Building Desgner)、OpenSite Designer(场地设计)、OpenRail Designer(铁路设计)、iTwin(数字孪生云服务平台)、LumenRT(渲染)、ContextCapture Center(倾斜摄影)、Navigator(可视化)、Descartes(三维激光点云处理)等。

1.4.3　CATIA 系列 BIM 软件

CATIA 软件(图 1.14)是法国达索公司的产品,是全球最高端的机械设计制造软

---

① 人民币。后同。

图 1.11 MicroStation 软件

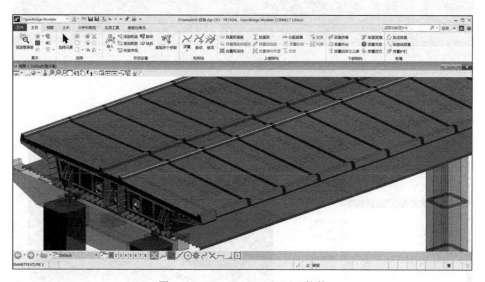

图 1.12 OpenBridge Modeler 软件

件之一,在航空、航天、汽车等领域具有很高的市场地位,空间曲线能力表现优异。因此,CATIA 软件应用于工程建设行业,无论是对复杂形体,还是对超大规模建筑,其建模能力、表现能力和信息管理能力都比传统的建筑类软件具有明显优势。由于 CATIA 软件出身于机械行业,因此其面向制造的能力要优于其他 BIM 软件;但也由于出身于机械行业,在契合工程建设领域的项目特点和人员特点方面,该软件与其他 BIM 软件尚有差距。

　　Digital Project 软件是 Gery Technology 公司以达索公司的 CATIA 软件为基础开发的三维建筑信息模型和项目管理软件,包含了先进的复杂几何曲面建模能力,还可进行施工流程模拟和成本管理。

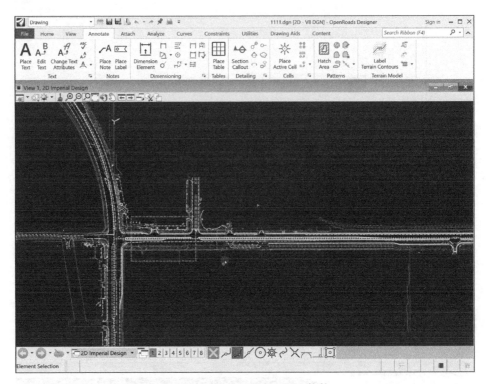

图 1.13　OpenRoads Designer 软件

图 1.14　CATIA 软件

目前,CATIA 软件主要应用于异形建筑、幕墙、钢结构厂房、桥梁工程等。位于北京的国家体育场(鸟巢)也使用了该款软件。鸟巢的绝大部分杆件都是异形的,空间三维坐标难以定位,CATIA 软件在三维空间定位上具有绝对优势,在鸟巢项目的设计和施工管控中发挥了积极的作用。

1.4.4 其他 BIM 软件

除了上述三种主流 BIM 系列软件,市场上还有很多其他的 BIM 软件,比如 Tekla 软件(图 1.15)用于钢结构详图设计,Archicad 软件(图 1.16)用于建筑专业设计,Sketch UP 软件用于方案展示设计,Rhino+Grasshopper 软件用于幕墙、曲线建模等。

图 1.15 Tekla 软件

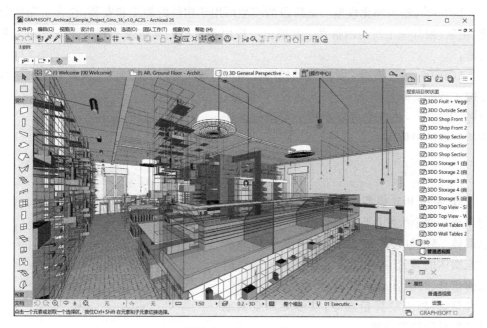

图 1.16 Archicad 软件

1.5　BIM 的相关概念

1.5.1　LOD

LOD(level of development) 指模型精细程度,也称为模型深度或建模深度,是指 BIM 模型中各个构件在不同阶段的"完成度"。

LOD 分为 5 个等级,从 LOD100 到 LOD500,随着 LOD 值的升高,BIM 中构件所包含的详细程度和信息也逐渐增加。

使用何种 LOD 等级,主要取决于模型的应用阶段,取决于该阶段对 BIM 精细程度的需求和项目的目的。在 BIM 实际应用中,我们需要根据项目的不同阶段及项目的具体目的来确定 LOD 等级,然后根据 LOD 等级来确定各构件的建模精细程度。

LOD 各等级的应用与精细程度要求如下:

LOD100:概念设计模型,用于可行性研究设计。此阶段的模型通常包含建筑项目的基本体量信息(如长、宽、高、体积、位置等),可以帮助项目参与方,主要是设计方与业主方,进行总体分析(如总体建筑面积、建筑朝向、单位造价等)。

LOD200:扩初设计模型,用于方案设计或扩初设计。此阶段的模型包括建筑物近似的数量、大小、形状、位置和方向,并可进行一般性能化的分析。

LOD300:施工图模型,用于施工图设计。此阶段的模型等同于传统施工图和深化施工图层次,模型中的构件包含了其精确数据(如尺寸、位置、方向等),可用于成本预算及施工,包括碰撞检查、施工进度计划及可视化。

LOD400:施工深化模型。此阶段的模型可用于构件的加工和安装,包含了完整制造、组装、细部施工所需的信息。此模型一般用于专门的承包商和制造商完成加工和制造。

LOD500:竣工模型。此阶段的模型反映项目竣工后的实际状态,包含了建筑项目在竣工后的实际数据信息,如实际尺寸、数量、位置、方向等。该模型可以直接交给运维方作为运营维护的依据。

1.5.2　5D

5D 是指 BIM 模型在 3D 基础上,加入了时间和成本两个维度(图 1.17),从而成为五维信息载体。5D 包含了建筑工程 3D 几何模型和建筑实体的建造时间、成本,其内容包括空间几何信息、时间节点信息、时间范围信息、合同预算信息、施工结算信息等,能够更加全面地反映项目的施工信息。

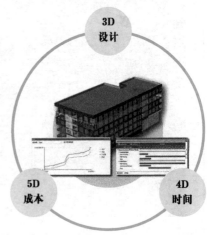

图 1.17　5D

1.5.3　CIM

CIM 指城市信息模型(city information modeling),是以城市信息数据为基础,建立三维城市空间模型和城市信息的有机综合体(图 1.18)。CIM 由大场景的 GIS(geographic information system,地理信息系统)数据+BIM 数据+IoT(internet of things,物联网)构成,是智慧城市建设的基础数据。CIM 基于 BIM 和 GIS 技术的融合,将建筑 BIM 数据与 GIS 城市整体场景数据相融合,同时采用 IoT 技术,利用各种传感器感知城市变化,并将城市变化的数据集成到 BIM 与 GIS 中,从而将静态的传统数字城市增强为可感知的、动态的、实时的、虚实交互的智慧城市,为使城市运转更加高效、管理更加精细提供数据支撑。

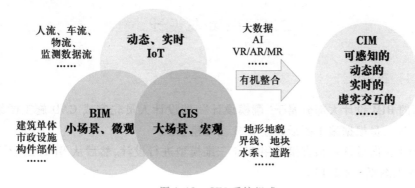

图 1.18　CIM 系统组成

第 1 章作业

第 1 章四色插图

13

第 **2** 章 BIM 的应用

2.1 BIM 与设计

2.1.1 正向设计

当前的 BIM 设计大部分属于"翻模设计",即设计人员先完成 CAD 施工图纸,然后 BIM 设计人员根据施工图纸建立 BIM 三维模型。

而 BIM 正向设计是指直接采用 BIM 三维模型进行设计,然后从 BIM 三维模型生成 CAD 施工图纸(图 2.1)。

图 2.1 正向设计

传统设计是设计人员在头脑中想象出建筑的三维模型,然后以二维图纸的方式将其表达出来。而 BIM 正向设计则是设计人员将设计思想直接以三维方式表达,并赋予相应的信息,然后再由三维模型输出二维图纸,从而使得设计人员能够在三维信息平台上直观表达设计思想,从而更加专注于设计,而不是专注于出图。这其实更契合设计人员的思考模式,并可避免二维图纸中大量错误的产生。BIM 正向设计是今后设计行业的必然发展方向。

BIM 正向设计是对传统设计工作的流程变革,使不同维度的信息在同一平台中高度集成,有利于帮助设计人员梳理项目思路,直观感受项目效果,轻松获取项目各个构件的信息,从而提高设计质量。

BIM 正向设计也使施工图纸具备了更好的表现方式,即图纸不仅是传统的二维图纸,同时也能提供项目的三维模型,从而使得施工人员更加方便直观地理解项目,避免由于对图纸的理解失误造成施工错误的发生。

深圳市住房和建设局于 2022 年 8 月发布的地方标准《建筑工程信息模型设计示例》(SJT 02—2022)提出了 BIM 设计图纸的全新模式,即二维 CAD 图纸+3D 模型。图纸中除了包含传统的 CAD 图纸内容外,还添加了建筑整体、局部难点的 3D 模型(图 2.2,图 2.3)。该模式的图纸充分利用了 BIM 的特点,以二维图纸形式契合工程人员的使用习惯,同时采用 3D 模型来表现整体和难点区域,让工程人员更加直观、方便地理解图纸内容。

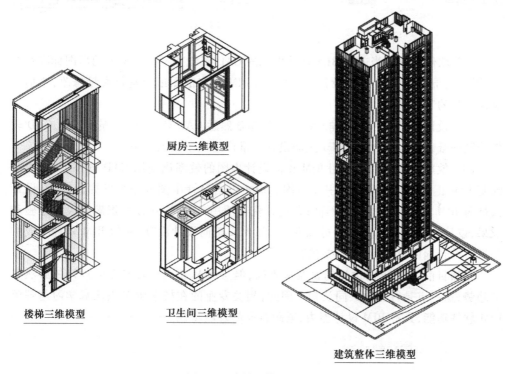

厨房三维模型

楼梯三维模型

卫生间三维模型

建筑整体三维模型

图 2.2 建筑整体 BIM 图纸

但是,BIM 正向设计在国内设计院的普及率还是非常低的,除了部分设计院的部分建筑专业设计人员采用正向设计外,大部分设计院仍然采用传统模式。其原因主要有以下几个方面:

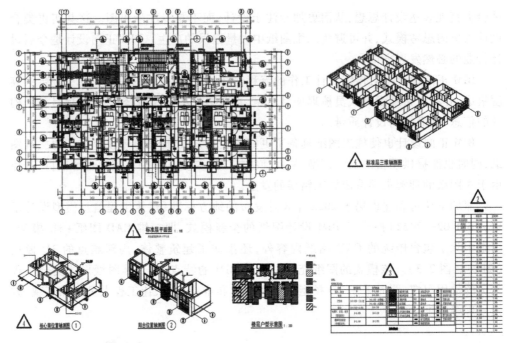

图 2.3　标准层平面 BIM 图纸

（1）软件问题。当前各 BIM 软件生成的 CAD 图纸并不符合国内的出图标准和要求，设计人员采用 BIM 进行设计，还需要在 BIM 输出的图纸上进行大量修改，增加了设计人员的工作量。

（2）设计人员的习惯问题。设计人员非常熟悉 CAD 软件，已习惯于采用 CAD 软件绘制图纸，而这种习惯给 BIM 正向设计的推广造成了很大的阻力。

（3）效率问题。目前采用 BIM 正向设计出图的效率比使用 CAD 软件低，这也是限制 BIM 正向设计发展的最主要原因。BIM 正向设计出图效率低的原因在于：设计人员对 BIM 软件的熟悉程度不高；各设计院在使用 CAD 软件方面积累了大量经验和成果，设计人员有成熟的图纸可以套用，而 BIM 正向设计没有；目前 BIM 软件生成的图纸不符合国内设计标准，需要进行大量修改。

虽然目前 BIM 正向设计的普及率不高，但是 BIM 正向设计是今后设计的必然发展趋势，这一点是行业的共同认知。因此，相关专业的在校学生应该认真学习与理解BIM 软件功能，具备 BIM 设计能力，紧跟行业的发展步伐。

2.1.2　错漏碰缺检查

建筑项目的设计一般包括五个专业的设计内容，即建筑、结构、给排水、电气、暖通，各个专业人员之间的图纸绘制其实是相对独立的，同时由于专业的局限性，大部分设计人员是不了解其他专业的图纸内容的。同时，实际的工程设计常常会经历多次改版，设计过程中很难实现各专业之间对改版内容的及时沟通与了解，这也非常容易造成各专业图纸之间不一致的问题。

即使同一个专业的施工图纸,由于各 CAD 图纸之间的关系是靠设计人员的三维空间想象力去维系的,因此同一专业的图纸之间也常常出现问题。

另外,由于 CAD 图纸的二维性,设计人员比较容易掌控平面方向的情况,但是在高度方向,二维 CAD 图纸的表现不够直观,设计人员完全依靠空间想象力来判断高度方向的问题,极易使图纸出现问题。

CAD 图纸中出现的问题主要包括错、漏、碰、缺问题。错是指设计错误;漏是指设计遗漏,即图纸存在未交代的内容;碰是指不同专业图纸的冲突,以及本专业细节设计上的冲突;缺是指设计图纸交代不完整,缺少部分内容。

采用 BIM 技术,利用 BIM 的三维特性,可以直观反映图纸中的问题,轻松发现图纸中的错漏碰缺问题,如图 2.4 所示。其中,图 2.4a 是填充墙下缺少结构梁,图 2.4b 是结构梁的标高在图纸中表述错误。这些问题在 CAD 图纸中是难以被发现的。

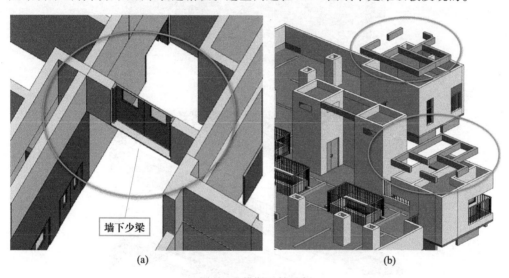

墙下少梁

(a)   (b)

图 2.4　错漏碰缺示例

当然,采用 BIM 技术发现图纸中的问题,不仅限于在三维图形中发现问题,而应当将 BIM 建模过程理解为在三维虚拟空间中的建设项目虚拟施工,即在三维空间中查看各个位置是否合理,是否可以正常施工,是否符合项目的正常使用需求,以便真正发现图纸中的错漏碰缺问题。

2.1.3　碰撞检查

碰撞检查其实是错漏碰缺中的"碰",但碰撞检查在传统的 CAD 图纸中是无法进行的,只能通过 BIM 技术来实现,因此,碰撞检查是充分展现 BIM 价值的功能之一,一般在 BIM 项目中将其单列。

实际工程中的碰撞主要是各个专业之间的碰撞,如建筑专业和结构专业之间的碰撞、设备专业与建筑专业和结构专业之间的碰撞、设备专业之间的碰撞。主要原因是各专业之间的图纸基本上是独立的,且各专业设计人员有一定的专业局限性,难以从其他专业的角度出发考虑本专业的设计内容。

　　常见的建筑专业和结构专业之间的碰撞是结构梁与建筑门窗之间的碰撞等(图2.5),原因是 CAD 图纸的二维平面特性难以反映高度方向的建筑内容。设备专业和建筑专业、结构专业之间的碰撞主要是设备管线与梁的碰撞、设备管线与楼梯的碰撞、设备管线与门窗的碰撞等(图2.6)。设备专业之间的碰撞主要是管线与设备之间的碰撞,以及管线之间的碰撞,如风管与水管的碰撞、风管与风管的碰撞等(图2.7)。

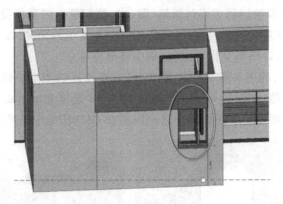

图 2.5　窗与梁的碰撞

图 2.6　风管与梁的碰撞

图 2.7　风管与风管的碰撞

2.1.4 管线综合

管线综合是将建筑物内各种管线的位置和走向进行合理的规划和布局,在满足使用需求的前提下,最大限度地压缩管线所占用的建筑内部空间,优化净高,从而为建筑内部的人员活动和设备提供更大空间。

传统的设备管线图纸中,管线位置一般并不是实际精准的施工位置,仅仅表示其大致布设位置,同时,设备的尺寸、管线的管径等在 CAD 图纸中也并非以实际尺寸进行绘制,如水管一般以线表示,其管径则以文字表示,而不是用图形表示其真实尺寸,这就造成了传统的设备管线图纸无法完全指导按图施工。因此,需要进行管线综合,最终确定管线布置的位置。

一般在设计阶段、施工阶段均要进行管线综合。在设计阶段主要进行管线整体标高和位置的各个专业之间的管线综合排布,在施工阶段则需进行细化的管线综合排布,从而进行管线施工。

传统的二维图纸管线综合,主要由工程技术人员依靠工程经验进行。工程技术人员依据对各专业设计图纸的理解,依靠自己的空间想象力,综合排布管线。因此,传统的二维图纸管线综合对工程技术人员的空间立体感要求非常高,但由于工程技术人员专业的局限性和空间想象力的局限性,是很难完全有效避免管线的冲突与碰撞的。特别是对于大规模的综合项目,由于其平面布置不规则,各个区域、各个楼层的梁高往往不一致,解决一处碰撞问题又带来了其他部位的问题,从而导致问题不断。这不仅给施工带来了困难,同时还增加了变更数量,影响工程成本。

而 BIM 技术采用不同的颜色表示不同专业的管线,同时各管线尺寸可以真实反映其管径大小,BIM 的三维特性还可以直观反映各管线的标高与位置,从而可以非常清晰明了地表达各个专业的管线位置,因此可以准确、方便、快速地进行三维管线综合。

同时,CAD 图纸中各设备专业之间的图纸是独立的,是分开绘制的,而且各设备专业之间不同管线系统的图纸也是分开绘制的。采用 BIM 技术则可以将建筑、结构、给排水、电气、暖通专业的设计内容在一个三维模型中进行展现(图 2.8),因此,工程技术人员可以直观了解各专业的空间位置和相关关系,从而在考虑各专业之间位置关系的基础上进行管线调整,不但效果直观,而且考虑周全,可以及时发现问题,从而能够更好地进行管线综合排布。

2.1.5 净高分析

在建筑设计中,净高是指地面到上部构件(包括梁、楼板、设备、管线等)最低点的距离。净高是建筑设计中极其重要的指标,因为其直接关系着使用人的使用舒适度与可用性。

传统的净高分析主要靠设计人员的空间想象力来完成,但净高分析需要考虑建筑、结构、给排水、电气、暖通各个专业的要求,因此,传统净高分析常常是通过各个专业之间互相交流沟通进行的。但这只能够实现大面积的、整体性的净高分析,难以准确进行局部的净高分析。

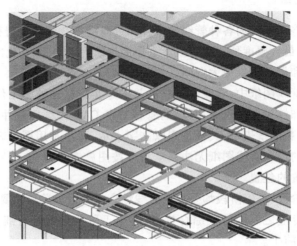

图 2.8　管线综合

BIM 技术具备三维特性,而且集成了各个专业模型的特点,因此,可以很好地反映各个位置的净高(图 2.9),特别是对于空间狭小、管线密集或净高要求高的区域,其优势更加明显。采用 BIM 技术进行净高分析,可以提前发现不满足净高要求的部位,及时发现问题,避免后期发生设计变更,从而缩短工期、节约成本。

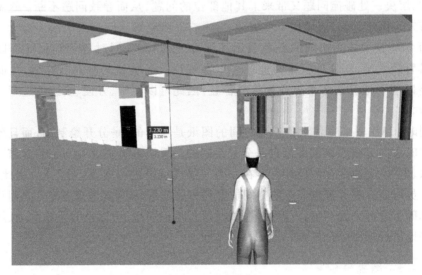

图 2.9　净高分析

2.1.6　日照分析

人在建筑内居住、办公,需要良好的采光照明。虽然电灯可以照明,但是自然光给人的感觉更加舒适,也有利于人体健康,同时可以节约能源。因此,我国相关规范对建筑的日照有明确的要求,所有的建筑设计均需满足日照时间要求,即依地区、房屋类别的不同,冬至日或大寒日的日照时间在 1~3 h 之间不等。

日照分析是指根据建筑物所在的经纬度,计算该建筑物在某段时间内,其内部房间可被太阳照射到的时间长度,从而衡量其是否满足国家设计规范要求。

由于 CAD 图纸的二维特性,依靠 CAD 图纸是无法完成日照分析的,需要单独采用日照分析软件进行分析。

BIM 技术具有三维特性,还可以集成建筑项目的地理位置信息,即项目所在的经纬度,因此,可以非常方便地进行日照分析(图 2.10)。采用 BIM 技术不仅可以分析单个日期的日照时长,还可以分析全年中建筑各个位置的日照时长,为设计人员进行日照分析提供了基础数据。

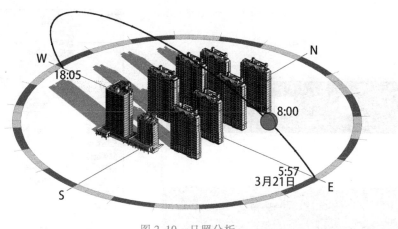

图 2.10　日照分析

利用 BIM 技术除了可以进行日照分析外,还可以进行风环境分析、噪声分析、能耗分析等,同时,可以通过 BIM 与有限元软件的对接,实现结构设计计算与分析。

随着 BIM 技术的进一步普及与应用,传统的建筑分析功能会逐渐过渡为采用 BIM 模型进行分析,从而实现以一个统一的 BIM 模型进行全部建筑设计与分析的工作模式。

2.2　BIM 与预算

建设项目工程预算主要包含以下几项工作:算量、定额套用、工程总价计算。通过 BIM 技术能够实现直接采用 BIM 模型进行算量与定额套用。

2.2.1　BIM 算量

算量是指预算人员进行预算编制时计算项目各个组成部分的工程量,如项目包含的地砖(地面)面积、包含的门窗面积等。算量是工程预算最基础、工作量最大的工作内容。

传统的预算算量,由预算人员在理解 CAD 图纸的基础上,采用三维预算软件创建建筑的所有构件与设备,再利用算量软件根据三维模型进行工程量统计。

这种传统的预算算量方式需要预算人员创建全新的预算三维模型,不但工作量巨大,而且容易发生错漏。

而 BIM 模型具有三维特性,包含准确的尺寸信息,同时模型中的构件自带类别与属性,因此,预算人员可以通过 BIM 模型自动提取工程量,从而避免了使用传统预算软件创建预算模型的过程。这种方式方便快捷,且预算内容与设计内容完全相符,可以保证其准确性。

如图 2.11 所示,图中的墙在 BIM 模型中已经包含了长度为 9 900 mm、高度为 3 000 mm、厚度为 200 mm 的信息,因此,预算程序可以很容易地计算出该墙的体积,即该墙的工程量。

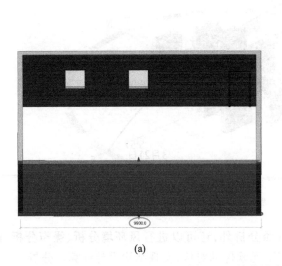
(a)

(b)

图 2.11　墙的尺寸

2.2.2　BIM 定额套用

BIM 模型的构件包含明确的工程属性,如图 2.11 所示,其中的墙在 BIM 模型中的属性定义为"基本墙",因此进行预算时,程序可使用该类别套用墙的预算定额子目,从而按墙的子目计算该部分的造价。

利用 BIM 模型可以方便地完成预算中的工程算量、定额套用这两项主要工作内容,为预算工作提供极大的便利,因此,在设计人员完成建设项目的 BIM 模型后,预算人员使用基于 BIM 的预算软件,即可读取该 BIM 模型,自动计算工程量、自动套用定额,从而快速完成整个项目的预算工作。可以说,BIM 技术为预算行业带来了巨大的变革。

目前,国内可以使用 Revit 软件的 BIM 模型直接进行预算工作的软件有:斯维尔 BIM 三维算量 for Revit、晨曦 BIM 算量 for Revit(图 2.12)等。

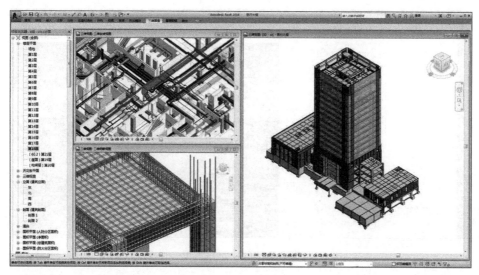

图 2.12 晨曦 BIM 算量 for Revit

2.3 BIM 与施工

虽然我国的施工技术发展迅速,但施工行业整体上仍然处于粗放型的状态,与当前其他行业高度信息化的发展状态具有明显的差距。BIM 技术为施工行业的信息化提供了有效助力,为施工企业数字化转型提供了有力的数据基础平台。BIM 技术可为施工企业提供数字化、精细化的施工模式,实现实时的信息共享,带来管理模式的创新,实现数字化的管理,将进一步提高企业的工作效率与技术水平。

当前,BIM 技术在施工企业的主要应用包括:施工进度模拟、施工场地模拟、施工信息化。但是,随着 BIM 技术的发展,未来的施工将是以 BIM 技术为核心的全流程数字化、信息化施工。

2.3.1 施工进度模拟

将 BIM 技术与施工计划相结合,融合工程的空间和时间信息,建立工程各要素、各构件之间的关联,可以更精确地反映整个工程的施工过程。通过施工进度模拟,可以合理地制定施工计划,实时反映施工进度并进行优化,同时实现资源的合理配置,有效管理和控制工程的施工质量,达到既节约成本、缩短工期、提高工程质量,又方便建设项目各方之间沟通的效果。图 2.13 为上海公路桥梁(集团)有限公司(简称上海路桥集团)进行的施工进度模拟。

2.3.2 施工场地模拟

施工场地布置是建设工程中一个非常重要的环节,通过 BIM 技术,可以将对施工场地的静态布置转化为对施工场地的动态控制,即做到将施工场地的布置与施工现场的动态变化紧密联系起来,从而根据实际情况对场地的布置进行合理调整。

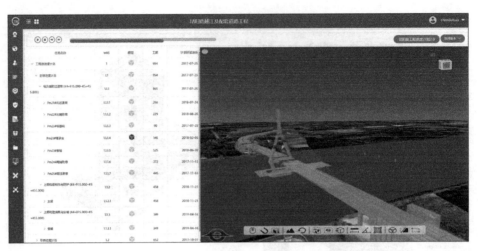

图 2.13　施工进度模拟

同时,在施工场地布置中运用 BIM 技术,还可以更直观、更精确地查看复杂的施工场地(图 2.14),排查施工现场可能出现的隐患,强化对施工场地的控制,为施工方提供更高的效益。

图 2.14　施工场地模拟

2.3.3　施工信息化

施工信息化是指将计算机技术广泛地运用于施工的各个过程,对材料、人工、设备、进度、造价进行全面信息化管理,为施工决策提供更为准确的依据。

施工的全面信息化是施工行业的必然发展趋势。计算机根据 BIM 模型提取信息,通过统一的信息化管理平台,实现数字化的材料采购、人员安排、场地安排、进度安排,将有效提高企业的施工效率。图 2.15 是桥梁构件的二维码管理,视频 2.1 是上海路桥集团昆阳路越江工程项目(建成后更名为闵浦三桥)施工信息化的介绍。

视频 2.1 施
工信息化案
例

图 2.15　桥梁构件的二维码管理(上海路桥集团提供)

2.4　BIM 与运维

BIM 运维是指建筑运营与维护的数字化,即运用物联网、云计算等信息化技术,在运维阶段对建筑及设施设备的各项指标进行系统、科学的管理,发现潜在的危险并加以预防,从而达到控制或者减少建筑维护所需费用的效果,弥补传统运维模式的弊端。

2.4.1　结构健康监测

将结构的健康监测与 BIM 技术相结合,可以创建建筑、桥梁、道路、水坝等的三维模型,将各个监测点位按其所处的位置布置到三维模型上,实现监测信息数据与三维模型的对应,从而实现结构健康监测的三维可视化。

以桥梁的健康监测为例。首先建立桥梁的 BIM 模型,再在桥梁的桥墩、桥塔、桥面、桥底等位置布置监测点,监测挠度、风向风速、应力应变、振幅等指标,通过 BIM 模型和监测数据的联系,远程监控桥梁状况。同时结合桥梁 BIM 模型所包含的信息,如构件尺寸、材料、强度等,与有限元分析软件相结合,则不仅可以实时获得桥梁的监测数据,还可以实时分析桥梁的健康状态,为桥梁管理提供可视化、信息化的健康监测技术体系。

BIM 技术还可以用于历史建筑的健康监测(图 2.16)。通过历史建筑的几何信息及激光扫描点云数据,建立历史建筑的 BIM 模型,并将传感器的位置安放到 BIM 模型上,则可将监测数据实时显示到历史建筑的三维模型中,并与该建筑的修缮历史和维护状况相结合,进行基于历史与当前信息数据的历史建筑健康状态判断和预判,从而更好地进行历史建筑的保护和维修。

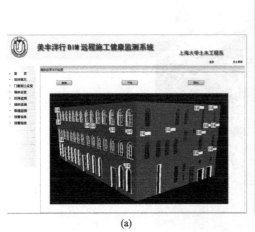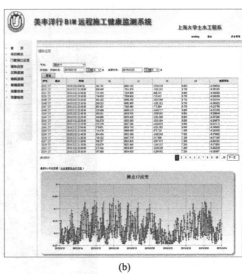

(a)　　　　　　　　　　　　　　　　　　　　(b)

图 2.16　结构健康监测案例

2.4.2　运维信息化

运维信息化是指基于 GIS 技术、数据库技术和计算机网络技术等,搭建建筑物及其设施设备的信息化体系,从而在建筑物的运维阶段实现更加高效的管理。

地上、地下管线的运维信息化是数字城市建设的重要内容,即建立地上、地下管线的 BIM 模型,运用物联网等信息化技术,采用多种传感器,对地上和地下所有管线进行相关数据的采集,并经过智能分析,及时掌握管线的运行状态,实现对管线的动态管理与监测,做到早发现隐患、早维修,以保障城市管线的安全运行(图 2.17、视频 2.2)。

视频 2.2 地下管线运维信息化案例

第 2 章作业

第 2 章四色插图

图 2.17　地下市政管线运维信息化

第 3 章　BIM 与新科技

3.1　BIM 与智能建造

3.1.1　智能建造的基本知识

建筑工地的工作有劳动密集型的特征,且劳动强度比较大,客观上存在着用工难的问题。同时,我国的施工企业一直面临着如何进一步提升效率、降低成本的问题,工程建设领域面临着如何从粗放型的施工模式向精细化、数字化施工模式转变的挑战,需要加快产业升级,以技术创新为驱动,推动建造模式的创新。

将传统工程技术与新兴科技紧密融合,能够实现建造模式的变革,推进工程建设领域的现代化进程,推动我国从建设大国迈向建设强国。

智能建造应运而生、因需而生。

智能建造是信息技术、智能技术与工程建造过程高度融合的创新建造方式,在智能技术、信息传输技术、感知设备等的辅助下,对现场作业进行全面赋能,从而有效提升整体建造水平。以 BIM 技术为核心,将机器人、物联网、大数据、人工智能、智能设备、移动互联网、3D 打印、3D 扫描、VR/AR/MR 等新技术与设计、施工、运维等建筑全生命周期建造活动的各个环节相互融合,能够实现信息深度感知、自主采集与迭代、知识积累与辅助决策、工厂化、智能化、精益管控的建造模式(图 3.1)。

广义的智能建造是涵盖工程全生命周期的,狭义的智能建造则专指施工阶段的智能建造,施工阶段智能建造的发展目标是智能化、无人化的全新施工模式。

实现智能建造,其中一项关键技术就是实现信息的识别、共享与互通,而 BIM 技术为智能建造提供了信息技术支持。BIM 所包含的信息数据成为智能建造的基础数据平台,为智能建造提供了强大的数据支撑。可以设想,工程设计人员完成 BIM 设计后,将该项目的 BIM 信息发送到构件加工工厂,工厂按照 BIM 所提供的信息将构件加工完成后运到施工工地,在施工工地,机器人按照 BIM 所提供的构件位置信息进行构件的安装,完成施工,从而真正实现建设项目的智能化、无人化建造。

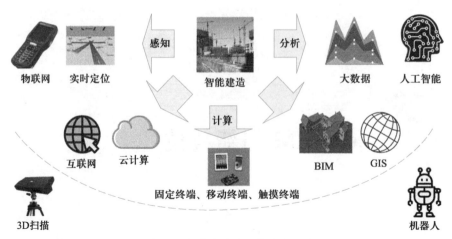

图 3.1　智能建造与新技术的融合

3.1.2　传统建造与智能建造

（1）传统建造是指在工程施工现场按图施工,而智能建造则是以 BIM 为核心,与人工智能、机器人、物联网、5G 等新兴科技相融合的全自动、数字化、信息化、无人化的建造,是传统建造的根本性变革。

（2）传统建造中的图纸是以平面、立面、剖面三视图为表征的静态图纸,而智能建造中的图纸则升级为以 BIM 为表征的集图形、信息、数据为一体的,集成的、可视的、动态的、三维的"新图纸"。

（3）传统的施工依靠人力+施工机械完成,智能建造的施工则是依靠机器人、人工智能等新技术的"新施工"。

（4）传统建造主要是指工程施工,而智能建造则贯穿整个项目从筹建、规划、设计、施工到运维的全生命周期。

3.1.3　智能建造案例

近几年,智能建造在国内外得到了高速发展,已有多项智能建造技术应用于工程实践。

采用机器人砌砖是砌筑工程未来的发展方向(图 3.2,视频 3.1)澳大利亚 FBR 公司的砌砖机器人 Hadrian X 可完成砖砌体的砌筑,包括砖砌体的自动装载、切割、布线和放置。

多家公司与研究机构在研究与应用 3D 打印房屋,且已研制出多款成型产品可以用于建筑的 3D 打印。丹麦的 COBOD 公司研发出 3D 房屋打印设备 COBOD BOD2,2017 年在哥本哈根完成了欧洲第一幢 3D 打印建筑(图 3.3),其打印过程只需两人操作。图 3.4、视频 3.2、视频 3.3 展示了 COBOD BOD2 的现场操作过程。

图 3.5 是上海市机械施工集团有限公司于 2019 年在上海桃浦中央绿地建造的国内第一座运用 3D 技术完成的一次成型、多维曲面的高分子材料景观桥。

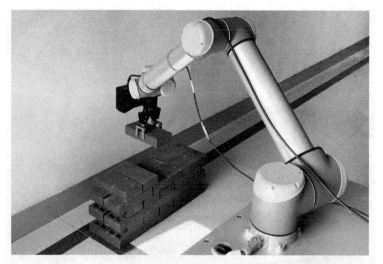

图 3.2 机器人砌砖

图 3.3 欧洲第一幢 3D 打印建筑

图 3.4 3D 打印房屋

视频 3.1 机器人砌砖

视频 3.2 3D打印房屋操作过程 1

视频 3.3 3D打印房屋操作过程 2

图 3.5　3D 打印景观桥

3.2　BIM 与机器人

3.2.1　机器人的基本知识

机器人(robot)一词起源于捷克作家卡雷尔·恰佩克 1920 年发表的科幻剧本《罗萨姆的万能机器人》(*Rossum's Universal Robots*)。

国际标准化组织(ISO)对机器人的定义是:

(1)机器人的动作机构具有类似于人或其他生物体某些器官(肢体、感官等)的功能。

(2)机器人具有通用性,工作种类多样,动作程序灵活易变。

(3)机器人具有不同程度的智能性,如记忆、感知、推理、决策、学习等。

(4)机器人具有独立性,完整的机器人系统在工作中可以不依赖于人。

3.2.2　工业机器人

工业机器人是机器人的一个分支,是指在工业制造环境中,模拟人手臂的部分动作,按照预定的程序、轨迹及其他要求,实现抓取、搬运工件或操作工具的自动化装置。因此,工业机器人一般是指机械臂(或称机械手),图 3.6、视频 3.4 所示为上海发那科机器人有限公司研制的不同类别的工业机器人。

采用工业机器人代替人力完成工程量大、重复作业多、环境危险、繁重体力消耗等情况下的施工作业,无疑是当前智能建造的发展方向。

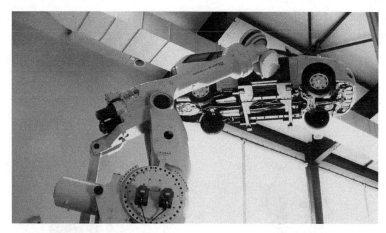

图 3.6 工业机器人

目前使用较多的工业机器人大部分是六轴机器人(图 3.7)。所谓轴是指自由度,即该机器人在六个自由度上是可以移动的。因为一个刚体在三维空间中的位置、姿态是由六个参数决定的,包括三个方向的平移、三个方向的转角,因此机器人在三维空间中的移动也需要六个自由度。机器人所需的轴数是根据其功能需求决定的,若只需在平面内移动,则使用四轴机器人即可。

目前,市场上的工业机器人主要有四大品牌:发那科(FANUC)、ABB、库卡(KUKA)、安川(YASKAWA),如图 3.8 所示。

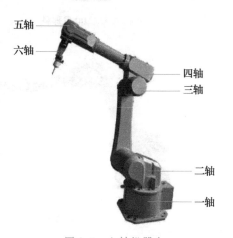

视频 3.4 工业机器人

图 3.7 六轴机器人

3.2.3 机器人在工程领域的应用

利用机器人完成智能建造,包含两项主要工作:一是机器人的路径规划,即机器人按何种路径行走,才能遍及工程中的任意位置,且没有路径重复;二是机械臂的功能操作,即机械臂所完成的具体施工操作,如钢筋的摆放与绑扎、砖的摆放与砌筑等。两项工作都需要 BIM 的数据支持,即以 BIM 数据为基础,从 BIM 中提取整个场地的信息,方能进行机器人的路径规划与优化;从 BIM 模型中提取钢筋、砖、构件等的位置、型号信息,机械臂才能知晓其需操作的正确设计位置,方能真正完成自动化施工。

目前,国内外已有不少机器人在工程领域的成功应用案例。

1. 桥梁钢筋绑扎机器人

美国 Advanced Construction Robotics 公司生产的桥梁钢筋绑扎机器人 TyBot(图 3.9、视频 3.5)可以实现整个桥面的钢筋自动绑扎。机器人能够识别钢筋绑扎点,进行钢筋自动绑扎,完全实现无人化操作。普通建筑工人每小时能完成 250 ~ 300 根钢筋绑扎,而 Tybot 每小时可以绑扎 1 100 多根钢筋。该机器人产品为成型产品,已在实际工程中应用。

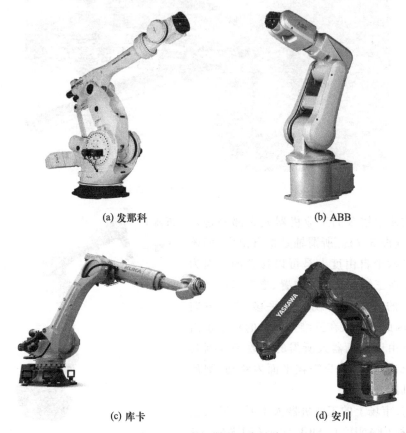

(a) 发那科　　　　　　　　　　(b) ABB

(c) 库卡　　　　　　　　　　(d) 安川

图 3.8　工业机器人四大品牌

视频 3.5 桥梁钢筋绑扎机器人

图 3.9　桥梁钢筋绑扎机器人

2. 人形机器人安装轻质隔墙

日本产业技术综合研究所（AIST）研发的人形机器人 HRP-5P 可初步实现轻质隔墙墙板的自动安装。该机器人同人一样，能够搬动并举起墙板，能够识别与拿起射钉枪，将墙板安装到位后，能够使用射钉枪进行墙板的固定，见图 3.10、视频 3.6。

建筑业使用人形机器人目前仅处于试验阶段，但该试验成果无疑为人形机器人在工程建设中的应用提供了很好的开端。

由此，我们可以畅想未来的工程建设场景：重复的、简单的工作由工业机器人完成，而复杂的工作则由人形机器人完成，从而使机器人全面替代施工现场的工人，实现施工作业的无人化、自动化、智能化。

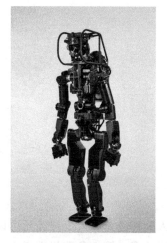

视频 3.6 人形机器人 HRP-5P 安装轻质隔墙

图 3.10　人形机器人 HRP-5P

3.3　BIM 与人工智能

3.3.1　人工智能的基本知识

人工智能（artificial intelligence, AI）是利用计算机或者由计算机控制的机器，模拟、延伸和扩展人类的智能，感知环境、获取知识，并使用知识获得最佳结果的理论、方法、技术和应用系统。

人工智能又分为强人工智能和弱人工智能。强人工智能称为完全人工智能，是指机器能像人类一样思考，有感知和自我意识，能够自发学习知识，能胜任人类所有的工作，能够执行通用任务的人工智能。而弱人工智能是指只能解决特定领域问题的人工智能。

目前我们接触到的人工智能应用都属于弱人工智能，一般是采用人工神经网络的一种计算机算法。

人工神经网络（artificial neural network, ANN）起源于 20 世纪 40 年代，是基于人脑的基本单元——神经元的建模与连接，模拟人脑神经系统形成的一种具有学习、联想、记忆和模式识别等智能信息处理功能的人工系统。人工神经网络是基于人脑神经网络的抽象计算模型，是通过模拟人脑神经系统对复杂信息的处理机制来构建的一种数学模型。

人脑由大约 1 000 亿个神经元组成，它们之间相互连接，相互传递信息。神经元由胞体、树突、轴突组成，如图 3.11 所示。神经元的工作过程是由树突接收输入信息，在胞体中经过一系列整合后将信息传递给轴突，轴突将接收到的信息通过突触传递到下一级神经元。经过多级神经元的处理整合，人脑即形成对事物的具体感知。

人们根据人脑神经元的特点构建了人工神经元，如图 3.12 所示。人工神经元左边是输入参数，右边是输出值，中间是计算单元，该计算单元本质上是一个函数。对比

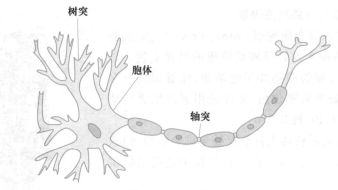

图 3.11　人脑神经元

人脑神经元和人工神经元可以发现,人工神经元左边的多个输入参数相当于人脑神经元的多个树突;人工神经元的计算单元相当于人脑神经元的胞体;人工神经元的单个输出相当于人脑神经元的单个轴突。人脑神经元将多个树突传来的信息经过胞体的整合,通过轴突输出,而人工神经元也将多个输入参数经过中间计算单元的计算,输出一个单一的输出值。

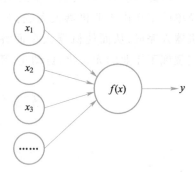

图 3.12　人工神经元

　　人工神经网络和人脑一样,由相互连接的大量人工神经元组成,如图 3.13 所示。整个神经网络是分层的,左边为输入层,右边为输出层,中间每一个计算层常称为隐层。输入值经过一层层计算,最后将结果输出到输出层。图 3.13 中隐层的每个圆圈即代表图 3.12 所示的一个人工神经元。由图 3.13 可以发现,单个神经元的单一输出值可以传递给下一层的多个人工神经元,这一点也与人脑神经元一样:人脑神经元轴突输出的信息,通过多个突触,传递到其他多个神经元。

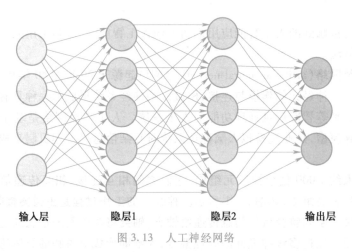

输入层　　　　　隐层1　　　　　隐层2　　　　　输出层

图 3.13　人工神经网络

　　人工神经元、人工神经网络是对人脑机理的模拟,因此,我们将这种基于人工神经网络的算法称为人工智能算法。

单个人工神经元虽然简单,但是成千上万个这种简单的人工神经元互相连接在一起构成人工神经网络,就能具有强大的功能。我们熟悉的人脸识别、机器翻译等,都是通过这种由简单的人工神经元构建而成的人工神经网络实现的。

当前在人工智能领域,有三个相关的概念非常引人关注,也很容易让人混淆,即人工智能、机器学习(machine learning)、深度学习(deep learning),三者的关系如图 3.14所示。其中,机器学习是人工智能的一个分支,是指计算机能够对大量的数据进行训练,学习数据之间的规律,从而可以实现对新输入的数据进行分类或预测的一种算法;而深度学习则是机器学习的一个分支,其中的"深度"是指其所采用的神经网络是具有更多层的。由于深度学习可以包含更深、更多层,因此能够解决更复杂的问题。目前人们最常见的、应用最广泛的人工智能技术大部分采用的是深度学习技术的成果,如图像识别、语音翻译、图像生成等。

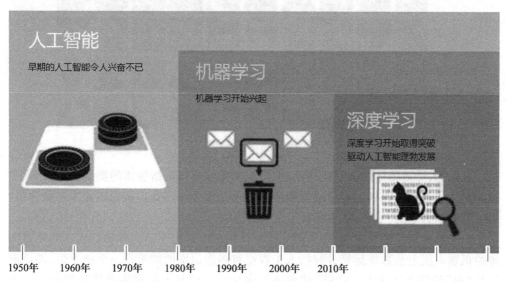

图 3.14　人工智能、机器学习、深度学习的关系

3.3.2　人工智能视觉识别基本原理

目前,在人工智能领域应用最广泛的技术是图像识别。人工智能对图像的识别分为两个阶段:训练、识别。训练是指将大量已标注的图片(如图 3.15 所示的图像识别训练集,已标注各张图片的物体类别)提供给人工智能程序进行训练。人工智能程序针对大量图片进行训练,不断提高识别准确率直至达到要求,这个过程叫作训练。当训练完成后,即可进入识别阶段。

这个训练与识别的过程,与人类对物体学习、识别的过程是非常相像的。比如婴儿时期的人类对狗的识别,当大人看到一只狗,告诉婴儿这是狗,第二天大人再看到另外一只狗,再次告诉婴儿这是狗,如此多次后,当婴儿再见到其他的狗时,就知道这是狗。也就是说,人类对物体的识别,也经历了训练与识别的过程。

图 3.15 图像识别训练集

但是,人类对物体的识别是感性的,即人类凭感觉来判断物体的类别。那么,人工智能对物体类别的识别也是凭感觉判断的吗? 是像人一样真正认识图片中的物体吗?

答案是否定的。

人工智能对图像的识别,与人类识别物体的原理是完全不一样的。人工智能对图像的识别本质上是数学运算;同时,人工智能对图像识别的结果是一个概率值,即该图片是"狗"的概率是多少,是"猫"的概率是多少……这与人类对图像的识别是完全不同的。

人工智能程序对图像的识别是通过矩阵运算实现的。因为存储在计算机中的图片其实是一个三维的数字矩阵,所以人工智能程序对图像的识别本质上是对存储在计算机中表示图片的三维矩阵的运算。

每幅图片都由大量的点(像素)组成,而每个点的颜色都可以用 RGB(红、绿、蓝)表示,R、G、B 的值为 0~255 之间的数字,如红色的 RGB 值是(255,0,0),绿色是(0,255,0),而图 3.16 中向日葵的黄色,其 RGB 值是(233,119,6)。

假如一幅照片的分辨率是 1 920×1 080,表示该照片横向有 1 920 个像素点,竖向有 1 080 个像素点,则整幅照片由 1 920×1 080 = 2 073 600 个像素点组成。而每个像素点又是由一组 RGB 值组成的,因此,该照片在计算机内的存储信息由一个三层的二维矩阵(三维矩阵)组成,三层分别是 R、G、B,每个二维矩阵的大小为 1 920×1 080,矩阵元素的值是 0~255 之间的值。图 3.17 表示一张照片局部的三层二维矩阵。

图 3.16　图片的 RGB 像素组成

灰度图像只有一层,因此其存储信息是一个二维矩阵。图 3.18 是数字"8"和"猫"的图片在计算机内部的存储信息。

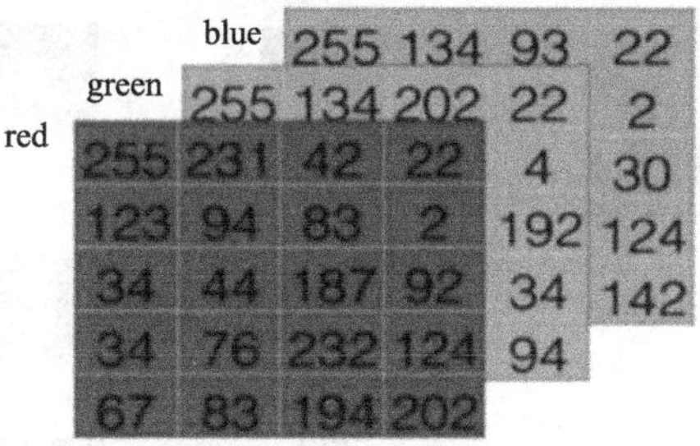

人工智能对图像类别的识别,是一个对图像矩阵进行特征提取和权重调整的过程。

图 3.19 是采用人工神经网络对一幅猫的照片进行特征提取的过程。将照片的每个像素的颜色作为输入值,第一层网络对输

图 3.17　三层的 R、G、B 二维矩阵

入值进行计算得到物体的边线,将结果传给第二层网络;第二层网络对第一层的输出结果进行计算得到物体的轮廓,将结果传给第三层网络;而第三层网络则将物体的轮廓组合成物体的各个部分[①]。

经过这样的特征提取,人工智能程序就可以提取猫的特征,如长尾巴、圆眼睛等。当然,这个特征也是用矩阵表示的。那么,计算机如何用矩阵表示猫的特征呢?是通过数字的排列与数字大小的组合来表示的。比如,猫的尾巴端部有尖角的形状,在矩阵中可以用图 3.20 中数字 1 的排列样式来表示猫尾巴端部尖角形状的特征。

对人的识别也一样。比如一个人的脸部肤色比较白,则其人脸图像中各个像素点的 RGB 值就会偏向(255,255,255)。因为,黑色的 RGB 值是(0,0,0),白色是(255,255,255)。

但是,对于计算机所提取的绝大部分特征,人们是不知道其含义的,或者是无法用语言去描述其含义的。

---

① 人工神经网络的各层对特征的提取,其层次划分的界限是有模糊性的,且人工神经网络常常不止三层。

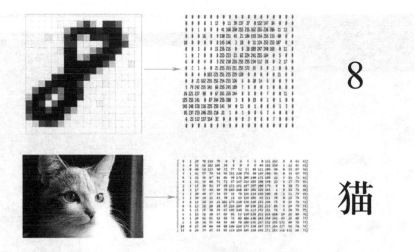

图 3.18　数字"8"和"猫"的图片在计算机内部的存储信息

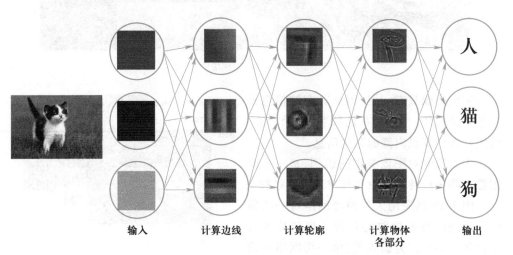

图 3.19　人工神经网络对图像的特征提取

1	0	0	0	0	0
0	1	0	0	0	0
0	1	1	0	0	0
0	0	1	1	0	0
0	0	0	1	1	0
0	0	0	1	1	1
0	0	0	0	1	1
0	0	0	0	0	1
0	0	0	0	0	0

图 3.20　矩阵中的尖角形状

计算机提取这些特征之后,可以通过训练对每个特征赋予合适的权重,从而进行图像类别的识别。这个特征提取、权重调整的过程,就是由大量的图片训练来实现的。比如,计算机可以先对猫尾巴这个特征赋予 100% 的权重,即只要遇到猫尾巴的特征,计算机就认为这个图像是猫。但如果计算机在训练时遇到一幅狗的图片,因为狗的尾巴和猫尾巴很相像,计算机就会将这幅狗的图片也识别为猫。由于参与训练的每幅图片已在前期明确标识了类别,因此,当计算机将识别结果与该图片的标识类别进行比对时,会发现识别错误,那么,程序就会将该猫尾巴特征的权重降低,比如降到 10% ;但是当遇到下一幅图片中大部分是猫尾巴的时候(图 3.21),由于猫尾巴的权重太低,导致程序又判断错误,认为该图片不是猫,则程序会将猫尾巴的权重提高,比如提高到 60% 。通过大量的图片识别训练,不断进行逼近调整,计算机程序最终会找到一个在判别图片中的物体是否为猫时,猫尾巴这个特征所占的最合适的权重。

图 3.21　猫图片中大部分是猫尾巴

同样,对于猫的其他特征,也会经过同样的训练调整,得到每个特征的合适权重。

因此,经过大量的图片识别训练,程序最终会得到能够准确识别猫的所有特征及每个特征的权重。当将一幅新的图片提交给该程序时,计算机就会按前期训练的结果提取其特征,并将每个特征乘以其前期训练时所获得的特征权重,最终会得到该幅图片是猫的概率。如得到的概率是 85% ,即表示该幅图片有 85% 的概率是猫。

通常,可以人为指定一个概率阈值,比如 80% ,则当程序识别计算后得到的概率超过 80% 时,计算机就会认定该幅图片是猫。

因此,人工智能程序对物体类别的识别过程,是对大量该类别物体图像的矩阵进行计算训练,从而获得能准确判别该类物体的各个特征的矩阵和权重;而对新图片的识别,则是提取该图片各个特征的矩阵,并与权重相乘,最终计算出该图片是否是该类物体的概率值。

可见,人工智能对物体的识别是数字计算过程,和人类对物体的感性识别完全不同。

3.3.3　人工智能在工程建设领域的应用

1. 工人是否佩戴安全帽的人工智能识别

目前在施工管理过程中,基于工地的监控摄像头采集的图片,人工智能技术已经可以识别工人是否佩戴安全帽(图 3.22),且能够识别安全帽的佩戴是否标准、规范,从而更加有效地保障工人的施工安全。

图 3.22　工人是否佩戴安全帽的人工智能识别

同时,基于工地的 BIM 模型及工人所佩戴的定位装置,可以直接在工地三维 BIM 模型中显示未佩戴安全帽的工人所处的位置,从而更有利于工人的安全管理。

2. 建筑的裂纹识别

人工智能识别技术可识别建筑的裂纹,并能够标识裂纹的位置(图 3.23)。

建立建筑的三维 BIM 模型,并采用人工智能识别技术进行裂纹识别,即可在三维模型中直观显示裂纹所处的位置。同时,可以与建筑的三维 BIM 模型相结合,进行建筑的有限元分析,直接分析获得该裂纹出现的可能原因。

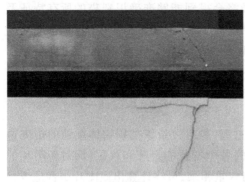

(a) 原图　　　　　　　　　　　　　　　　　　　(b) 识别结果

图 3.23　裂纹的人工智能识别

3. 钢筋识别

本书编写团队研发的钢筋人工智能识别软件,不仅可以识别钢筋的绑扎点,还可以识别钢筋的位置、间距、数量、直径等,从而为钢筋工程的智能建造提供视觉技术支持,也可用于钢筋施工质量的自动检测。

图 3.24 是用于钢筋人工智能识别的预制构件厂桥梁小箱梁钢筋。借助于桥梁小箱梁 BIM 模型,可以将识别结果与钢筋 BIM 数据进行自动比对,检查钢筋的直径、间距、数量等,并可自动出具检测报告。

图 3.24 用于钢筋人工智能识别的桥梁小箱梁钢筋

图 3.25 是钢筋绑扎点的人工智能识别结果,图中的方框即为自动识别的钢筋绑扎点。将该绑扎点数据发送给工业机器人,工业机器人即可进行钢筋的自动绑扎。

图 3.26 是钢筋位置、间距的人工智能识别结果,图中用不同的颜色表示软件所识别出的每一根钢筋。视频 3.7 是钢筋智能识别的过程。

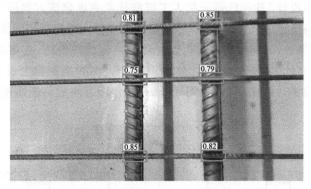

图 3.25 钢筋绑扎点的人工智能识别结果

3.3.4 让人工智能拥有工程经验

在工程实践中,一个工程技术人员经历的项目越多,他的工程经验就越丰富,从而能够准确地对工程进行判断与决策。

人工智能算法也有同样的特点,因此,我们可以将大量项目的工程内容提供给人工智能算法,令其使用已有的项目进行训练,自行找到已有项目的规律,从而可以对新的工程项目进行判断与预测。也就是说,让人工智能同人类一样,结合以往的大量项目和新的项目进行训练,不断地、持续地进行自我学习、自我优化,从而拥有更加丰富的工程经验,具有更高的判断与预测能力。

图 3.26　钢筋位置、间距的人工智能识别结果

1. 让人工智能拥有工程设计经验

在未来的设计行业,人工智能软件通过对大量工程的建筑设计图纸、BIM 模型的训练,能够拥有小区楼栋布置的经验和房间布局布置的经验;通过大量的工程结构设计案例的训练,人工智能软件可以不需要通过有限元的分析计算,只需要根据其训练所获得的设计经验,就可以判断结构构件(如柱、梁)尺寸的合理性。目前,国内设计公司推出的"小库设计"软件已可采用人工智能技术完成建筑方案设计和建筑单体布局设计;而在结构设计领域,清华大学的陆新征教授采用对抗神经网络技术,结合以往工程项目进行训练后,只需给程序提供新建项目的建筑户型图,程序就可自动完成项目的剪力墙布局设计,见图 3.27。图 3.28 是采用人工智能图像生成器 Midjourney 程序(只需输入一段图片的文字描述,Midjourney 程序即可生成与该描述相关的图像)设

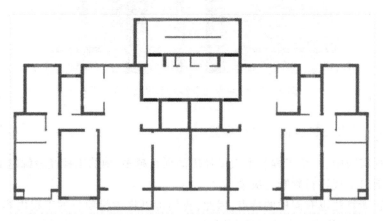

图 3.27　人工智能程序完成的剪力墙布局设计

(a)   (b)   (c)

图 3.28　人工智能程序设计的建筑方案

计的建筑创意方案。虽然程序生成的建筑创意方案与真实建筑尚有差距,但该方案可以给建筑设计师提供更多的设计灵感。

2. 让人工智能拥有工程管理经验

未来的工程管理是在一个拥有庞大算力的人工智能系统中,进行人工、材料、机械、工期的数字化管理,实现建设项目施工全周期内的全局、全时空的数字化管理,进行全局的优化,实时计算最优的工程管理方案,实现工程建设的人工智能管理。

人工智能可以基于数字化的数据感知、收集与分析技术,提前发现问题、预判问题,提出解决方案,从而改变当前项目管理遇到问题才去被动解决问题的模式,能够在项目的任一施工阶段,实现考虑整体全局的、考虑全项目周期的、数字化的、实时优化的人工智能工程管理。

3. 让人工智能拥有工程造价经验

我们也可以将大量工程项目的造价信息提交给人工智能算法,则人工智能算法可以通过训练和自我学习,获得造价与工程项目信息之间的变化规律,最终可以根据该规律预测新建项目的工程造价。也就是说,让人工智能和有大量工程经验的预算人员一样,拥有工程造价经验。

本书编写团队为大华(集团)有限公司(简称大华集团)研究完成的住宅材料用量指标人工智能预测系统,就是将大华集团以往项目的工程造价信息提交给人工智能算法进行训练,将各个项目的抗震设防烈度、基本风压、总高度、层高、高宽比等作为输入影响因素,将单位建筑面积下的混凝土、钢筋用量作为输出结果,令人工智能算法结合以往项目的信息进行训练,学习获取各个影响因素与材料用量之间的变化规律,从而实现人工智能预测系统可以预估今后大华集团各地区新建住宅项目的混凝土、钢筋用量的目的,即输入任何一个新项目的抗震设防烈度、基本风压、总高度、层高、高宽比等,人工智能算法即可预测该项目的混凝土、钢筋用量。利用该人工智能算法,本书编写团队为大华集团制定了各地区住宅的混凝土、钢筋用量设计限额指标,从而为大华集团住宅项目的成本管控提供基准。同时,该人工智能算法是可以不断学习与进化的,即将大华集团今后的项目造价数据提交给人工智能算法进行学习,则人工智能预测系统可以不断提高其预测水平,使预测更加精准,经验更加丰富。

那么,在拥有人工智能的工程建设领域,工程技术人员是不是不重要了?

恰恰相反,人工智能模式下,对工程技术人员的要求不是降低了,而是提高了。无论人工智能如何强大,它所提供的只是供参考的结果,仍然需要工程技术人员进行最终决策(图 3.29)。

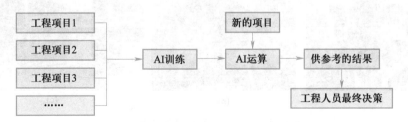

图 3.29　未来的人工智能与工程人员最终决策

因此,工程技术人员在未来将面对更高的要求。未来的工程技术人员,要能够在现有数据的基础上站得更高、看得更远;要能够在快速的变化中,面对各方面的模糊性、不确定性,仍然有清晰的概念和思路,基于数据寻找到确定性因素;要能够把握问题的内在本质,多视角、多维度考虑问题;要积极接纳和学习新知识、新理念,不断丰富和拓展自己的知识领域;要能够在人工智能的助力下,回顾过去、决策现在、预测未来。

3.4　VR、AR、MR

VR 是 virtual reality 的简称,即虚拟现实。虚拟现实技术是一种可以创建和体验虚拟世界的计算机仿真系统,它利用计算机生成一种模拟环境,使用户沉浸到该环境中,达到如同处于真实世界的效果。计算机虚拟创建三维模型,形成虚拟的影像,并可虚拟产生声音、味道、触摸感等,通过各种输出设备,将其转化为人们能够感受到的现象,使得人们在虚拟空间中彷佛处于真实的世界。此外,虚拟现实技术也可以实现人机交互,使人在体验过程中可以随意操作,并且得到环境最真实的反馈。

除了 VR(虚拟现实),还有两种与之相近的技术,即 AR(augmented reality,增强现实)、MR(mixed reality,混合现实)。这三者的区别是:VR 是纯虚拟的,即眼睛所看到的东西都是虚拟的,都是计算机生成的;AR 是现实+虚拟的信息,即眼睛所看到的内容,部分是真实的,部分是虚拟的信息;MR 是现实+三维的虚拟世界,即眼睛看到的内容,部分是真实的,部分是三维虚拟的,且人们所看到的虚拟部分与真实部分是完全融为一体的。

AR 与 MR 很容易让人混淆。AR 是采用计算机技术对现实世界的增强,即将人们在真实世界中很难体验到的信息,通过模拟仿真叠加到现实世界被人们感知,达到超越现实的体验。比较典型的 AR 应用是手机地图 App,即地图是虚拟的,是计算机生成的,但人的位置是真实的,将真实的人的位置与虚拟地图进行叠加。MR 则是比 AR 更强大的虚实融合技术。AR 是二维的融合,而 MR 则是三维的融合,即将虚拟的三维世界与真实的三维世界进行融合,使人们可以看到真实与虚拟融合成为一体的三维虚拟世界的效果。

目前,在全世界市场上占有率比较高的 VR 眼镜有:HTC 的 Vive Pro 2,Facebook 的 Oculus Quest 2,Sony 的 PlayStation VR2;而 MR 眼镜有微软的 HoloLens 2、Magic Leap 公司的 Magic Leap 2。图 3.30 展示了部分 VR、MR 眼镜。

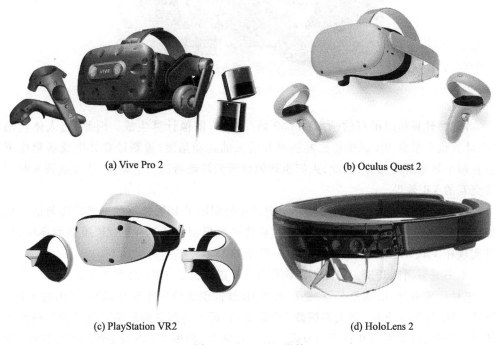

(a) Vive Pro 2 　　　　　　　　　　　　　　(b) Oculus Quest 2

(c) PlayStation VR2 　　　　　　　　　　　　(d) HoloLens 2

图 3.30　VR、MR 眼镜

人们戴上 VR 眼镜,所看到的是一个三维立体的世界,就如同处于真实三维世界一样。

为什么人们在 VR 眼镜中能够看到三维立体效果?

人之所以看到物体是三维而不是二维的,最根本的原因是人有两只眼睛,而且两只眼睛之间是有距离的。因此,人的左眼和右眼看到的同一个物体其实是不一样的,是有差别的。人的左眼和右眼将看到的同一个物体的不同内容传递到大脑,大脑会自发地考虑左右眼间距的因素,经过整合,就可在大脑中合成该物体的三维影像,所以人看到的物体才是三维的。

人们通过 VR 眼镜看到三维的虚拟物体,其实是利用了人脑自动合成三维的机理。从图 3.30 中可以看到,VR 眼镜前端是不透明的,其实其前端由左右两个显示屏组成(图 3.31)。实现 VR 效果的流程是:在计算机中建立物体的三维模型,然后在该三维模型的周边,按照人左右眼的位置放置左右两个虚拟相机;然后,计算机按照两个相机所处的空间位置与角度,分别计算生成三维模型在左右两个相机中的二维影像;最后计算机在 VR 眼镜的两个显示屏中分别显示左右两个相机中所看到的物体二维影像。这样,人戴上 VR 眼镜后,人的左右眼就能分别看到虚拟物体的左右有差别的影像,然后由人的大脑进行自动三维合成,人就可以在 VR 眼镜中看到三维立体效果了。

图 3.31　VR 眼镜的左右两个显示屏

同时,计算机以极高的帧率(如 60 帧/s)进行图像计算生成。因此,当人体转动时,计算机会根据 VR 眼镜传感器所感知的人的转动角度,重新计算并生成新角度下左右两个显示屏的影像,因此,人们也就能够看到转动后的三维影像,从而达到实时三维交互的 VR 效果。

BIM 技术与 VR、MR 技术的融合,则是充分利用了 BIM 模型的三维特性与信息化特性。采用 BIM 技术构建三维模型,然后将三维模型集成到 VR、MR 眼镜程序中,即可实现在 VR、MR 眼镜中看到虚拟的三维世界。

本书编写团队开发了单层钢结构厂房 VR 虚拟仿真实验,其中的单层厂房三维模型,包括厂房主体、桥式吊车等,是采用 Revit 软件创建的三维 BIM 模型,使用的 VR 眼镜是 HTC 的 Vive Pro。当人们佩戴 VR 眼镜后,即可看到三维的单层钢结构厂房虚拟环境。同时,将 BIM、VR 技术与有限元技术相融合,利用 VR 眼镜手柄的可操控性(即使用者利用 VR 手柄),操控厂房内的桥式吊车进行移动,基于 BIM 模型的信息化属性,有限元程序即可从 BIM 模型中提取厂房构件位置、属性信息,同时提取当前桥式吊车的位置进行有限元分析,获得厂房排架的有限元分析结果,并在 VR 环境显示受力分析结果。图 3.32、视频 3.8 是从 VR 眼镜中看到的三维效果,以及使用有限元程序得到的该厂房受力的实时分析结果。

视频 3.8 单层钢结构厂房 VR 虚拟仿真实验

图 3.32　单层钢结构厂房 VR 虚拟仿真实验

借助 VR 眼镜手柄的操控性,还可以实现单层钢结构厂房的 VR 虚拟施工,如图 3.33、视频 3.9 所示。使用者可以使用手柄抓起钢结构的梁、柱、螺栓等,在虚拟三维空间中进行虚拟安装施工。

视频 3.9 单层钢结构厂房 VR 虚拟施工

图 3.33 单层钢结构厂房 VR 虚拟施工

图 3.34、视频 3.10 展示了本书编写团队开发的 MR 地下市政管网平台的使用效果。将 BIM 与 MR 技术融合,即采用 Revit 软件创建地下管网的 BIM 模型,然后将该模型集成到 HoloLens 2 MR 眼镜中,并与定位装置相结合,人们佩戴该 MR 眼镜随意行走,即可看到此处地下所埋设的市政管线,并可点击查看各根管线的信息,包括类别、管径、大地坐标等信息。

视频 3.10 MR 地下市政管网

(a)   (b)

图 3.34 MR 地下市政管网

3.5 无人机倾斜摄影

采用 Revit 等 BIM 软件对建设项目进行三维建模,比较适合新建项目,即有设计图纸的项目。但是,对于既有建筑,特别是没有图纸的既有建筑,如何快速生成其三维模型,实现既有建筑的数字化,是城市数字化的必然需求。无人机倾斜摄影技术为既有建筑的快速三维建模提供了助力,特别是大场地、城市级别的三维建模,无人机倾斜摄影技术因其精准、快速的特点,具有明显的优势。

倾斜摄影技术是机载多角度倾斜摄影测量技术的简称。无人机倾斜摄影三维建模,是使用无人机从不同的倾斜角度拍摄一个建筑或一个建筑群,将这些不同角度的照片通过算法还原成三维模型(图 3.35)。

图 3.35 无人机倾斜摄影

无人机倾斜摄影技术是测量领域的一次技术变革与飞跃,极大地解放了劳动力。与传统的测量方法相比较,无人机倾斜摄影技术具有成本低、数据获取准确、操作灵活方便等优势。无人机倾斜摄影技术不仅在土木、水利、桥梁等工程项目中得到广泛应用,更为数字城市、智慧城市提供了精准的数据支持。

倾斜摄影技术将无人机照片还原为三维模型的原理是:无人机拍摄的照片是二维的,但真实空间是三维的,将二维照片转换为三维空间,是基于画法几何中的"三个面可以确定一个点"的理论,即通过三张不同角度的二维照片,就可以把这三张照片中同一个点的空间坐标求解出来。因此,无人机倾斜摄影要求照片之间应该有重叠度,即至少要求所有点都应该有三张照片拍摄到。此外,还要求三张照片是从不同角度拍摄的,因为只有三个不平行的平面相交才能确定一个点。

从理论上来说,只要三维空间中的所有点都能被三张照片拍摄到,就可以求解出三维空间中所有点的坐标,从而生成三维模型。因为照片是由大量像素点组成的,即所有的照片都是由 R、G、B 值组成的巨大三维矩阵,因此无人机倾斜摄影算法的核心是对巨大三维矩阵方程的求解。

虽然,理论上只要三张照片就可以确定一个点,但实际上为了达到更好的效果,无人机倾斜摄影的基本要求是五个角度拍摄,这也解释了为什么无人机倾斜摄影的专用镜头是五镜头,且五个镜头是不同角度的,见图 3.36、视频 3.11。当然,随着技术的进步,目前相关厂家也推出了单镜头、双镜头的倾斜摄影专用相机,通过算法控制其在无人机飞行过程中进行摆动拍摄,可达到五镜头相机同样的效果。如图 3.37、视频 3.12 所示,大疆经纬 M300 RTK 无人机使用 P1 相机,就是采用单镜头的摆动拍摄,达到五镜头拍摄的效果。

图 3.38、视频 3.13 是本书编写团队采用大疆经纬 M300 RTK 无人机倾斜摄影所

获得的上海大学宝山校区的三维实景建模。无人机飞行时间为 9 h,飞行高度为 70 m,飞行区域面积为 1.2×10^6 m²,共拍摄照片 2.8 万张,照片大小共 422G。采用 18 台计算机进行计算,计算时间为 30 d。

图 3.36 大疆经纬 M600 Pro 无人机+红鹏 5600 五镜头相机

视频 3.11 大疆经纬 M600 Pro 无人机飞行

图 3.37 大疆经纬 M300 RTK 无人机+P1 相机

视频 3.12 大疆经纬 M300 RTK 无人机飞行

图 3.38 上海大学宝山校区三维实景建模(无人机倾斜摄影)

视频 3.13 上海大学宝山校区三维实景建模(无人机倾斜摄影)

　　无人机倾斜摄影生成的三维模型可与 BIM 模型进行融合。图 3.39、视频 3.14 是本书编写团队完成的上海大学附属嘉定实验学校的 BIM+周围场地无人机倾斜摄影的效果,团队采用无人机倾斜摄影航拍生成该项目周边场地的实景三维模型,采用 Revit 软件创建待建项目的 BIM 模型,然后将二者按实际地理位置进行准确融合,即可看到待建项目在真实场地上未来建成后的效果。

视频 3.14 上海大学附属嘉定实验学校的 BIM + 周围场地无人机倾斜摄影

图 3.39　上海大学附属嘉定实验学校的 BIM+周围场地无人机倾斜摄影

　　此外,也可将无人机倾斜摄影生成的模型与采用 BIM 软件创建的地下管网 BIM 模型进行融合,从而可在真实场景下看到地下管网的分布。图 3.40 是本书编写团队所创建的上海大学宝山校区东区的无人机倾斜摄影实景建模与地下市政管网 BIM 模型融合的效果。

图 3.40　上海大学宝山校区东区无人机倾斜摄影实景建模+地下市政管网 BIM 模型

3.6 智 慧 城 市

智慧城市是借助物联网、云计算、BIM、GIS、大数据等新兴技术,将城市的建筑、交通、电力、通信、医疗、教育等核心系统整合到一个大平台上,植入智慧的理念,从而更好地服务和管理城市运营,优化城市的资源使用,创建更美好的生活。

智慧城市的建设内容包括两方面:一方面是加强城市基础通信网络的建设,提高通信网络带宽和覆盖率;另一方面是在云计算平台上提供智慧应用服务,如智慧建筑、智慧交通、智慧医疗、智慧电网和智慧环境等。

数字城市、物联网、云计算、移动互联网、大数据等技术的兴起,为智慧城市的建设提供了必要的技术支撑。数字城市存在于网络空间,是现实生活的物理城市在网络世界的数字再现。智慧城市以数字城市为基础,通过无所不在的物联网和移动互联网将虚拟的数字城市与现实城市关联起来,将海量大数据交由云计算平台进行存储、分析和决策,并按照分析决策结果对各种设施进行自动化的控制,为人类活动、经济发展、社会交往等提供各种智能化的服务。

智慧城市的总体架构主要由获取数据的感知层、对信息进行传输交互的网络层、提供海量数据存储和分析的服务层,以及面向最终用户的应用层组成,如图3.41所示。

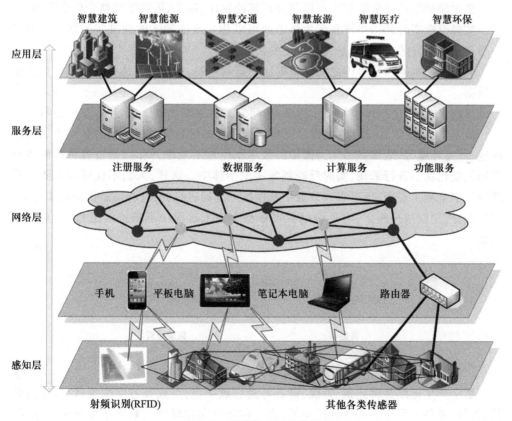

图 3.41 智慧城市的总体架构

采用 BIM 技术,可以实现智慧城市建设所必需的建筑、桥梁、地铁、隧道、公路等的三维化与信息化,从而实现智慧城市建设中的基础设施的数字化建设,然后在其上构筑信息化的互通平台,融合实时的城市信息,如城市交通流信息、人流信息、服务信息等,成为智慧城市建设的数字化基础设施。

3.7　数字孪生

数字孪生的英文名称为 digital twin(数字双胞胎),也被称为数字映射、数字镜像。

数字孪生是通过数字化构建物理模型,并结合传感器采集现实数据及历史运行数据,集成多物理量、多尺度、多概率的仿真过程,在虚拟空间中完成映射,从而反映其所对应的实体的全生命周期过程。

换句话说,数字孪生就是将真实物体(本体)的信息完全数字化,生成一个虚拟的数字孪生体,而且这个数字孪生体不仅具有真实物体的外观,还具有真实物体的各种特性,是一个与真实物体特性完全一致的数字孪生体。同时,这个数字孪生体是随着真实物体的变化而变化的。而且,由于数字孪生体与真实物体具有同样的特性,人们可以像分析真实物体一样分析数字孪生体,并使用分析结果对真实物体进行决策。

数字孪生具有三个特征:全生命周期、实时或准实时、双向。

全生命周期是指数字孪生可以贯穿建筑的设计、施工、运维等的整个生命周期。

实时或准实时是指本体和孪生体之间可以建立全面的实时或准实时联系。两者并不是完全独立的,映射关系具有一定的实时性。

双向是指本体和孪生体之间的数据流动是双向的,并不是只能由本体向孪生体输出数据。

目前,数字孪生技术应用于工程领域,可实现数字孪生施工、数字孪生运维等。

数字孪生施工(图 3.42)是指可以将工程现场的所有数据,包括建筑、工人、机械、场地、周边环境等,全部数字化为虚拟的数字孪生施工现场,同时,通过各种传感器对现场的变化状态进行采集,实时反映到数字孪生体中。这样,人们不仅可以看到三维的数字孪生施工现场,还可以对该数字孪生施工现场进行分析,获得最优的施工决策、施工安排,用以指导施工,而且该过程可在整个施工过程中不断持续进行,直至施工结束。

图 3.42　数字孪生施工

数字孪生运维是将建筑、管线、设备等进行数字化,生成其数字孪生体,并通过建筑、管线、设备上所布设的各种传感器,将当前状态实时反映到数字孪生体中。这样,人们不仅可以在数字孪生体中看到当前真实建筑、管线、设备的状态,还可以进行各种分析,检测建筑、管线、设备的工作状态,及时发现问题,预测其今后发展状态等,从而让运维更高效、更精准、更有预见性。

3.8　三维激光扫描

虽然无人机倾斜摄影可以实现对既有建筑的三维建模,但是其缺点是精度较低,一般只能达到 2 cm 左右。而且由于无人机的飞行需要 GPS 信号,因此,无人机倾斜摄影只适合室外场景的三维建模,对于室内、地下建筑则不适用。

三维激光扫描(图 3.43)同样可以完成既有建筑的三维建模,实现对室内、地下建筑、隧道等无 GPS 信号环境的三维扫描与建模。三维激光扫描技术精度高,可达到 1 mm 左右;其缺点是效率不如无人机倾斜摄影高。

图 3.43　三维激光扫描

三维激光扫描技术的原理是:三维激光扫描仪向目标点发射激光信号,碰到目标点后激光信号被反射回来,由于光的传播速度是已知的,所以只要记录光信号的往返时间,即可获得该点与三维激光扫描仪的距离。同时,由于三维激光扫描仪可以获知自身发射出的激光的角度方向,因此可获知目标点在三维空间中的角度方位,结合所获得的距离,即可计算获知该目标点在空间中的三维坐标。

视频 3.15 三维激光扫描仪运行

由于三维激光扫描仪的机身、反射棱镜都是可以 360°转动的(视频 3.15),因此,三维激光扫描仪通过这两者的组合转动,能够将激光发射到三维空间中的任意方向,从而获得三维空间中所有点的空间三维位置坐标。

三维空间中所有点的三维坐标数据组成的三维激光扫描成果称为"点云",见图 3.44、视频 3.16。点云中的每个点包含了该点的三维坐标 x、y、z,以及颜色、强度值等。

视频 3.16 点云案例

利用三维激光扫描仪生成的高精度点云数据,用户可测量建筑、桥梁、隧道等的实际尺寸、距离等,用于结构健康监测,或用于三维模型的创建。

图 3.44　点云案例

第 3 章作业

第 3 章四色
插图

第 **4** 章 Revit 软件安装

4.1 Revit 软件起源

1997 年,一家名为 Charles River 的软件公司在美国马萨诸塞州创立,2000 年 1 月,该公司更名为 Revit Technology corporation。2000 年 4 月 5 日,该公司发布 Revit 软件 1.0 版。

2002 年,Autodesk 公司斥资 1.33 亿美元收购 Revit Technology Corporation,将 Revit 软件纳入 Autodesk 软件体系。

2013 年,Revit 2014 版本开发完成,将建筑、结构、设备等各专业模块整合为一个软件,确定了 Revit 软件的基本功能及界面布局。

2018 年推出的 Revit 2019 版本则增加了钢结构设计模块,进一步拓展了软件的功能,开拓了新的应用场景。

截至 2022 年,Revit 软件的最新版本为 Revit 2023。

本书基于 Revit 2023 版本进行讲解,其他版本的操作基本相同,因此亦可参考本书进行操作学习。

4.2 Revit 软件功能

Revit 软件主要应用于房屋建筑工程的三维设计和可视化,为相关工作人员提供精准、直观的三维建筑信息模型,并且支持多人同时使用软件协同作业。下面介绍其主要功能。

1. 建筑、结构、设备专业的三维 BIM 建模

Revit 软件可进行建筑、结构、给排水、电气、暖通专业的三维参数化建模,生成三维 BIM 模型,如图 4.1~图 4.3 所示。

2. 输出 CAD 图纸

在目前的实际工程项目中,为了便于交流及资料编制,二维图纸仍然是必不可少的。Revit 软件在三维模型建模完成后,可生成平面图(图 4.4)、立面图、剖面图、详图。由于 Revit 软件和 AutoCAD 软件系出同门,故可直接生成 dwg 格式的图纸,便于

在 CAD 中查看或编辑。

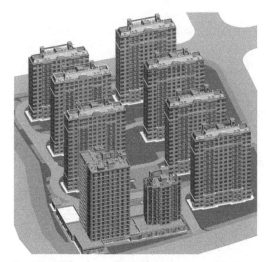

图 4.1　建筑与结构 BIM 建模

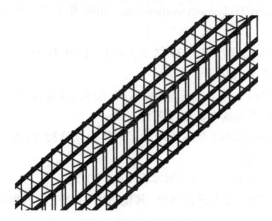

图 4.2　钢筋 BIM 建模

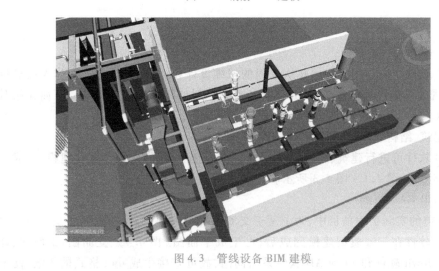

图 4.3　管线设备 BIM 建模

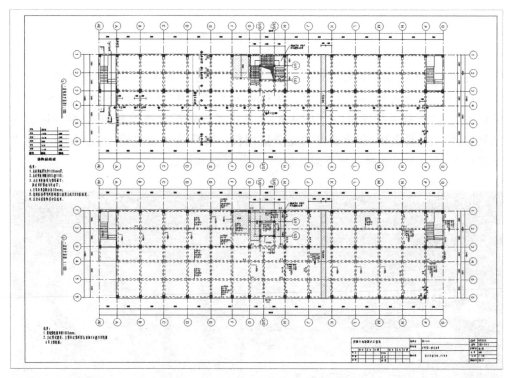

图 4.4 Revit 软件输出的二维图纸

3. 三维渲染

为了更美观、更真实地展示模型,Revit 软件具有渲染效果图的功能,渲染图效果如图 4.5 所示。

图 4.5 Revit 软件渲染效果

4.3　Revit 软件下载

打开 Autodesk 官方网站,点击页面左上角"产品"(图 4.6),在下拉菜单中点击 Revit(图 4.7),进入 Revit 介绍页面。在 Revit 介绍页面中,可进行软件的购买与试用,试用可点击"下载免费试用版"(图 4.8)。学生或教师可选择教育用途,根据网页提示创建账户、认证资质,获得软件的免费使用权。资质认证完成后,可进入Revit 软件下载页面(图 4.9),选择需要下载的版本、操作系统和语言。

图 4.6　Autodesk 官网主页

图 4.7　点击进入 Revit 软件介绍页面

图 4.8 点击"下载免费试用版"

图 4.9 进入 Revit 软件下载页面

4.4 Revit 软件安装

安装 Revit 软件前应确认当前计算机的联网状态,并确认计算机软硬件配置是否达到 Revit 软件的最低要求。安装 Revit 软件必须联网,因为要下载当前计算机语种所对应的族库和样板。

同时,自 Revit 2015 版本开始,Revit 软件仅支持 64 位操作系统,因此,计算机操作系统应为 64 位操作系统。

Revit 2023 最低配置要求见表 4.1。

表 4.1 Revit 2023 配置要求

操作系统	64 位 Microsoft Windows 10 或 Windows 11
处理器	Intel i 系列、Xeon、AMD Ryzen、Ryzen Threadripper PRO, 主频为 2.5 GHz 或更高
内存	8 GB
显示器	分辨率为 1 280×1 024、真彩色
显示适配器	支持真彩色
磁盘空间	30 GB

4.4.1　Revit 软件安装方法

确认计算机配置达到软件使用要求后,可开始安装软件。首先双击安装包,出现图 4.10 所示的对话框,默认解压路径为 C:\Autodesk\,可自行修改,点击"确定"后等待解压完成。

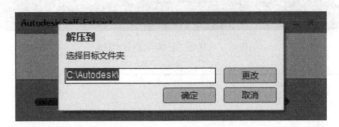

图 4.10　安装文件解压缩

解压完成后,自动跳出图 4.11 所示画面,勾选"我同意使用条款"后点击"下一步",选择安装位置(图 4.12),建议使用默认位置。若磁盘空间不够,也可以设定至其他位置,但应注意路径中最好不要含有中文字符。设定好安装位置后,点击"安装",则开始安装 Revit 软件,如图 4.13 所示。安装耗时较长,请耐心等待软件安装完成。

图 4.11　协议界面

安装过程中出现"数据收集和使用"提示,如图 4.14 所示,点击"确定"。

完成软件安装后会弹出图 4.15,表示安装完成,此时需要重启计算机。

双击桌面上的 Revit 2023 图标,首次打开会出现图 4.16 所示界面,请根据自己的 Revit 软件版权进行选择。教育用户可在图 4.16 界面点击"使用您的 Autodesk ID 登录",输入自己的账号、密码,即可激活使用。商业用户采购 Revit 软件的授权方式为序列号或网络许可,则在此处选择"输入序列号"或"使用网络许可"。

图 4.12　选择安装位置

图 4.13　安装过程

图 4.14　数据收集和使用

图 4.15　安装完成

图 4.16　首次启动软件的界面

　　软件启动后,会弹出"隐私设置"界面,点击"确定",即进入 Revit 软件的开始界面,如图 4.17 所示。至此,计算机已成功安装了 Revit 2023。

4.4.2　Revit 软件安装的族库缺失问题

　　Revit 软件安装过程中应全程联网,否则可能会出现缺失项目样板或族库的问题。即使联网,Revit 2023 软件的安装也是默认不安装项目样板和族库的,因此需要专门安装 Revit 软件的中文族库和项目样板。

　　检查 Revit 软件是否已正常安装族库和样板的方法是:在 Revit 软件中,点击"插入"选项卡,选择"载入族"(图 4.18),已正常安装族库的,其界面如图 4.19 所示,若该界面中没有这么多的文件夹,则表示没有正确安装族库和样板。

　　族库或样板缺失的解决方法如下:

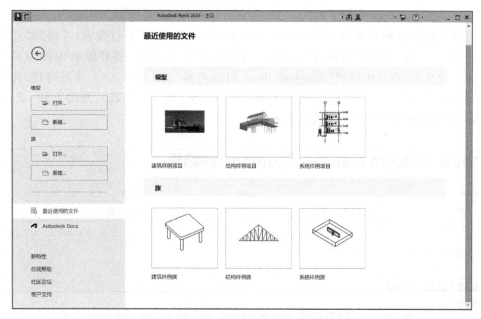

图 4.17　软件开始界面

图 4.18　载入族

图 4.19　族库已正常安装

1. 方法一（Revit 官网下载）

在 Autodesk 的官网输入"How to download Revit Content"进行搜索，可找到"如何下载 Revit 内容"的下载页面（图 4.20）。点击该链接，即可进入各种版本 Revit 软件的族库下载页面，在其中找到"Autodesk Revit 2023 内容"（图 4.21）。点击该链接，弹出的页面会包含各国语言的 Revit 族库，在其中找到中文族库（图 4.22），点击下载。Revit 2023 的族库和样板下载文件约为 1.2 GB。

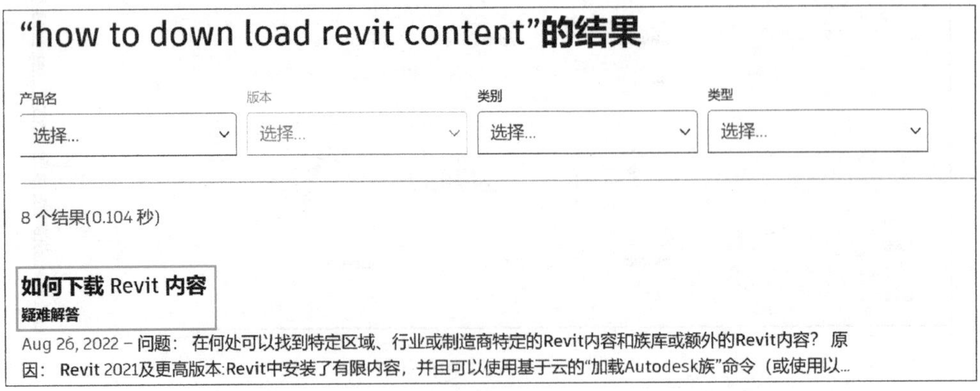

图 4.20　"How to download Revit Content"的搜索结果

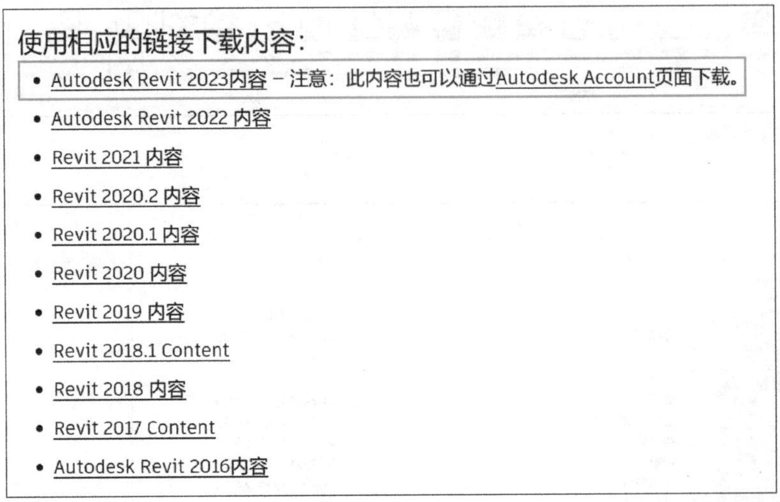

图 4.21　Autodesk 族库下载

下载完成后，运行下载文件，即可安装族库和样板。

2. 方法二

将其他计算机中 Revit 软件的族库（C：\ProgramData\Autodesk\RVT 2023\Libraries\Chinese）、样板文件（C：\ProgramData\Autodesk\RVT 2023\Templates\Chinese）拷贝到本机同样目录。

Revit 2023 内容包

语言特定的内容包	内容包中包含的项	安装位置	下载链接	大小
Revit 2023 巴西葡萄牙语内容	巴西葡萄牙语族库	\Libraries\Portuguese\Brazil\	▭ RVTCPPTB.exe	596 MB
Autodesk Revit 2023 国际通用 - 葡萄牙语内容	国际通用族库、族样板和样板 (巴西葡萄牙语)	\Family Templates\Portuguese\ \Libraries\Portuguese_INTL\ \Templates\Portuguese_INTL\	▭ RVTCPGENPTB.exe	950 MB
Revit 2023 中文内容	中文族库	\Libraries\Chinese\	▭ RVTCPCHS.exe	1.23 GB
Autodesk Revit 2023 国际通用 - 中文内容	国际通用族库、族样板和样板 (中文)	\Family Templates\Chinese\ \Libraries\Chinese_INTL\ \Templates\Chinese_INTL\	▭ RVTCPGENCHS.exe	930 MB

图 4.22 中文族库下载

4.5 Revit 软件界面

在 Revit 软件中以建筑样板为例新建项目,软件操作界面如图 4.23 所示。图中①为快速访问工具栏,包含部分常用功能;②为菜单选项卡,是 Revit 软件的主菜单,也是 Revit 软件的主功能区,包含了此软件绝大部分功能菜单;③为属性窗口,若选中图元则显示图元属性,未选中图元则显示当前视图属性;④为项目浏览器,包含项目中的全部视图、载入的族等;⑤为绘图建模区域,用以绘制模型或显示模型;⑥为常用属性条,创建模型或修改模型时,这里为该模型的常用属性设置栏;⑦为视图控制栏;⑧为控制图元选择的选项;⑨为状态栏。

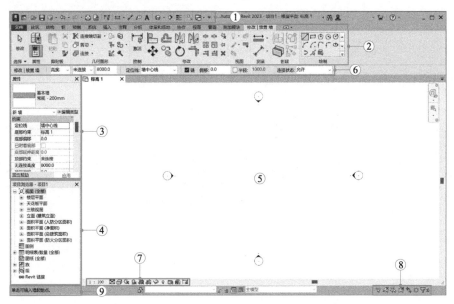

图 4.23 Revit 软件操作界面

4.6　Revit 软件教育版与商业版

2022 年,Revit 软件商业版售价为 13 023 元/年或 37 113 元/(3 年)。在校师生可申请教育许可授权,获得软件的免费使用权。按照 Autodesk 网站提示注册账号并提交证明材料(成绩单、在读证明、学生证等),审核通过后即可获得教育许可,免费使用该软件。教育许可申请资料要求见图 4.24。教育版用户在安装完成 Revit 2023 后,使用 Autodesk 账号、密码登录,即可使用 Revit 2023。

第 4 章作业

第 4 章四色
插图

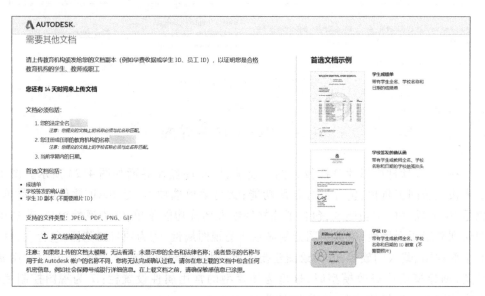

图 4.24　教育许可申请资料要求

第**5**章 基本操作与入门案例

5.1 入门案例一

本节通过对墙体、门窗的简单建模,初步介绍 Revit 软件的基本操作,梳理 Revit 软件的操作基本流程,介绍如何新建项目、进行墙体与门窗的建模及查看其三维视图效果。

入门案例一(视频 5.1)操作流程:

1. 运行 Revit

2. 新建项目

点击"新建"(图 5.1),然后选择"建筑样板"(图 5.2),再点击"确定",即可使用"建筑样板"创建一个新的项目。

图 5.1 新建

图 5.2 选择建筑样板

3. 创建标高

在项目浏览器中,双击"楼层平面",再双击"标高 1"(图 5.3),打开标高 1 的平面视图。

4. 绘制墙体

(1)在主菜单的左上角点击"建筑"选项卡,即可进入建筑选项卡功能区,该功能区中的各按钮是建筑专业的构件绘制功能按钮,包括墙、门、窗等。

(2)点击其中的"墙",然后点击选择下拉选项的"墙:建筑",进入建筑墙绘制功能(图 5.4)。

图 5.3　选择标高

图 5.4　选择绘制墙体功能

（3）点击绘图区域任意一点，即可开始绘制墙体，该点为墙体的起点。然后再点击其他任意位置，将该点作为墙体的终点，即可完成一段墙体的绘制(图 5.5)。

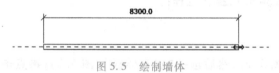

图 5.5　绘 制 墙 体

（4）墙体可连续绘制。绘制完成后，按一下 ESC 键可退出连续绘制功能。

注意：按一下 ESC 键退出连续绘制墙体功能，然后就可以在其他位置绘制一段新的墙体。按两下 ESC 键可退出墙绘制功能。

本节中我们可以不关注墙体的位置，任意布置墙体，结果如图 5.6 所示。

图 5.6　墙体绘制结果

5. 绘制门

（1）点击主菜单的"建筑"选项卡，然后点击"门"，进入门绘制功能，见图 5.7。

（2）由于 Revit 软件中的门只能放在墙体上,因此需要点击上一步绘制的一段墙体,将门放置在墙体的点击位置上,绘制完成后的效果如图 5.8 所示。

6. 绘制窗

窗的绘制方法与门完全一样。

（1）点击主菜单的"建筑",再点击"窗",进入窗绘制功能,见图 5.9。

（2）点击墙体上想要放置窗的位置,即可完成窗的绘制。绘制完成后的效果如图 5.10 所示。

图 5.7 选择绘制门功能

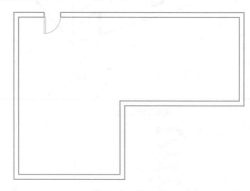

图 5.8 绘制门

7. 查看三维效果

（1）在项目浏览器中,双击"三维视图"下的"{3D}"(图 5.11),进入默认三维视图,即可看到当前已绘制的墙、门、窗的三维效果(图 5.12)。

（2）要查看更好的视觉效果,可点击界面左下角的视觉样式按钮(⬜ 图 5.13a),选择"着色"或"真实"模式,即可查看刚才建模的着色或真实模式下的三维效果(图 5.13b)。

图 5.9 选择绘制窗功能

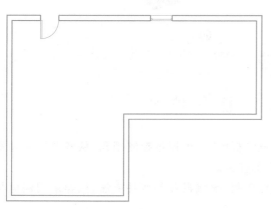

图 5.10 绘制窗

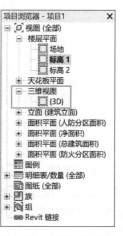

图 5.11 打开三维视图

69

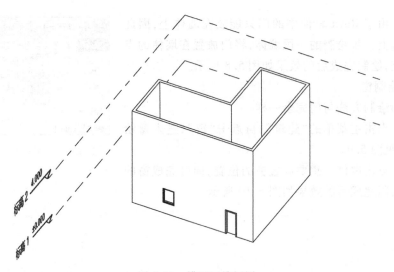

图 5.12　模型三维视图

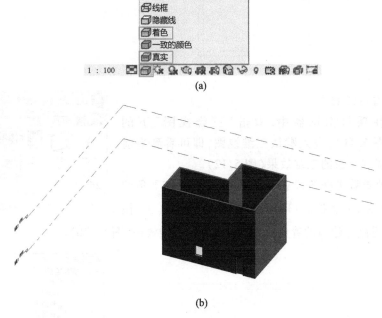

图 5.13　"视觉样式"操作与效果

5.2　视角控制

完成入门案例一建模并打开三维视图后,可通过控制视角,从各个方向观察三维模型,真正体会三维建模设计软件的强大。

视角控制可以采用键盘与鼠标控制、导航盘控制两种方法,推荐采用键盘与鼠标控制方法。

1. 键盘与鼠标控制

（1）移动视图：按住鼠标滚轮+移动鼠标。

（2）旋转视图：按住键盘 Shift 键+按住鼠标滚轮+移动鼠标。

（3）改变旋转轴：先选中物体，然后再按住键盘 Shift 键+按住鼠标滚轮+移动鼠标，进行旋转视图，则是以选中物体为中心进行旋转。

（4）放大、缩小视图：鼠标滚轮滚动，或按住键盘 Ctrl 键+按住鼠标滚轮前后移动。

2. 导航盘控制

进入三维视图后，在绘图区域的右上角可以看到如图 5.14 所示的导航盘。鼠标点击导航盘不放开，拖动鼠标即可旋转视图；也可以点击导航盘方块的面、边、角，即可转到相对应的视图角度。

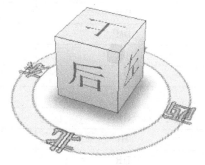

图 5.14　导航盘

5.3　常用快捷键

为了更快捷地使用 Revit 软件，一般需要掌握常用的快捷键。当鼠标悬停在各功能按键上时，可看到快捷键提示。如图 5.15 所示，绘制窗的快捷键是 WN。

Revit 软件与 CAD 软件不同，CAD 软件允许快捷键是单个字符，而 Revit 软件的快捷键必须为双字符。同时应注意，使用快捷键时，要确保输入法为英文输入。

图 5.15　绘制窗快捷键

表 5.1 列出了学习者需要掌握的常用快捷键。初学者至少应掌握其中最后三个快捷键，即 HH（隐藏图元）、HI（隔离图元）、HR（重设临时隐藏/隔离），这三个快捷键可以隐藏或重新恢复显示构件，因为 Revit 软件的三维模型常常有遮挡问题，需要将部分构件隐藏，才能看到被遮挡的构件。本书将在 7.3.3 小节中详细讲述该功能。

表 5.1　常用快捷键

快捷键名称	功能
Ctrl+S	保存
Ctrl+Z	撤销
Ctrl+C	复制
Ctrl+V	粘贴
MV	移动
CC	复制
RO	旋转

快捷键名称	功能
AL	对齐
MM	镜像-拾取轴
DM	镜像-绘制轴
TR	修剪/延伸为角
RP	绘制参照平面
CM	放置族
HH	隐藏图元
HI	隔离图元
HR	重设临时隐藏/隔离

5.4　新手常见问题

1. ESC 键的使用

在点击进入 Revit 软件的各项绘制功能后,将一直处于该功能的绘制状态。比如点击墙,进入墙的绘制后,将一直处于墙的绘制状态,此时主菜单上的门、窗等按钮是灰色的,无法点击。若要退出墙的绘制功能,进行门、窗的绘制,应连按两下 ESC 键,退出墙的绘制,方可进行门、窗的绘制。

图 5.16 为正在绘制墙体时的界面,此时会连续绘制墙体;图 5.17 是按一次 ESC 键后的界面,此时虽然不会再继续绘制墙体,但仍处于墙体绘制功能之中,主菜单的右上角显示有"修改 | 放置 墙"。此时鼠标点击绘图区域,则开始绘制一段新的墙体;图 5.18 为连续按两次 ESC 键后的界面,此时已完全退出墙体绘制功能。

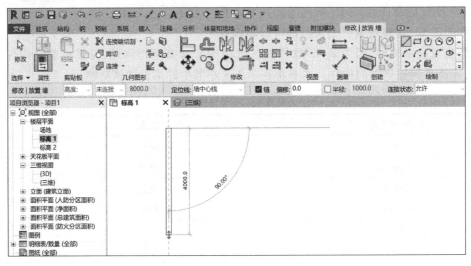

图 5.16　绘制墙体

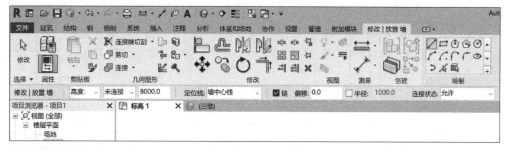

图 5.17 按一次 ESC 键

图 5.18 完全退出墙体绘制功能

2. 属性栏与项目浏览器不见了

有时可能由于误操作等种种原因,初学者会在无意中关闭了属性窗口或项目浏览器窗口,此时软件界面如图 5.19 所示。要重新打开属性窗口与项目浏览器窗口,只需点击"视图"选项卡,再点击最右侧的"用户界面",在下拉菜单中勾选"项目浏览器"和"属性"前的复选框,即可重新打开这两个窗口(图 5.20)。

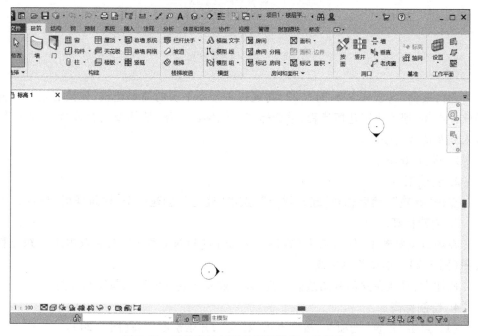

图 5.19 属性窗口与项目浏览器窗口关闭状态

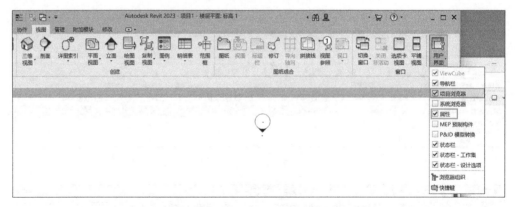

图 5.20　打开属性窗口与项目浏览器窗口

3. 菜单选项卡不见了

有时界面可能会成为图 5.21 所示的状态,找不到各种功能按钮,原因是 Revit 软件的菜单有不同的显示样式。此时只需一直点击图 5.21 框线位置的按钮,Revit 软件就会切换不同的菜单按钮显示样式,直到恢复为默认显示样式。

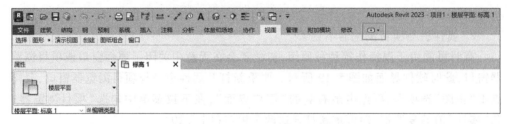

图 5.21　调整功能区显示样式

5.5　入门案例二

入门案例二(视频 5.2、图 5.22)将通过一个小平房的简单建模,使读者进一步熟悉软件操作,理解建筑建模流程,学会标高及轴网的绘制、墙体及门窗属性参数调整、载入族及楼板的创建。

1. 运行 Revit

2. 新建项目

点击"新建",然后选择"建筑样板",点击"确定",创建一个"建筑样板"项目。

3. 创建标高

在项目浏览器中,依次点击"视图"→"立面(建筑立面)",然后双击进入东立面视图(图 5.23),准备绘制标高。

应注意,只能在立面视图绘制标高,且一般应在绘制轴线之前绘制标高。

4. 绘制标高

(1)点击"建筑"选项卡,然后点击"标高",开始绘制标高(图 5.24)。

视频 5.2 入门案例二

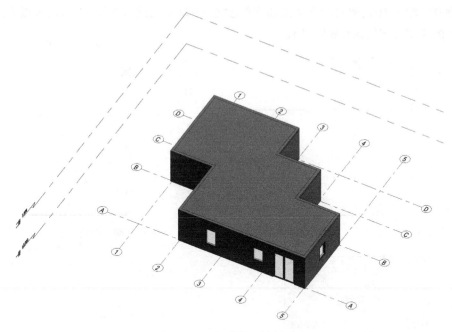

图 5.22 入门案例二效果图

（2）在绘图区域任意点击一点，作为标高的起点，然后向右水平拖动鼠标，再点击第二点，作为标高的终点，即可完成一个标高的绘制。

绘制过程中，当光标移动至与其他标高的端点对齐时，会有自动对齐提示，也会出现智能距离提示（图 5.25）。当出现智能距离提示时，可直接以 mm 为单位输入距离数值（图 5.26），再按回车键，实现按照指定距离数值进行绘制。

其实，在绘制任意图元时都会出现自动对齐提示、智能距离提示、捕捉图标，充分利用这些功能可极大地提高工作效率。

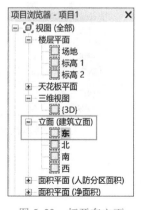

图 5.23 打开东立面

（3）修改标高名称和高度。点击选中绘图区域的标高"标高 1"，在属性栏的"名称"中输入"一层"（图 5.27），然后按回车键，此时会弹出"是否希望重命名相应视图？"（图 5.28），点击"是"，即可将该标高的名称改为"一层"。

点击项目浏览器中的"楼层平面"，可以看到此处的视图名称也改为了"一层"（图 5.29）。

图 5.24 选择标高绘制功能

点击标高"标高 2"，在名称中输入"二层"，然后在"立面"属性中输入新值

"3 000"（图 5.30），则将标高 2 的高度修改为 3 000 mm，此时在绘图区域，可以看到标高 2 的高度已被修改（图 5.31）。

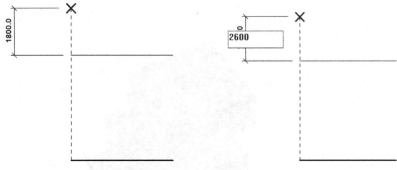

图 5.25　自动对齐提示与智能距离提示　　　　图 5.26　输入距离数值

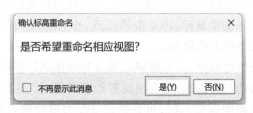

图 5.27　修改标高名称　　　　图 5.28　弹出"是否希望重命名相应视图？"

图 5.29　平面视图名称的自动修改　　　　图 5.30　标高 2 的名称与高度修改

5. 创建轴网

轴网应在平面视图中绘制。

（1）点击"项目浏览器"→"视图"→"楼层平面"，双击标高"一层"，打开一层平面视图。

（2）点击"建筑"选项卡，然后点击"轴网"，进入轴网绘制功能（图5.32）。

（3）在绘图区域，点击起点和终点即可绘制一根轴网。当光标移动至与其他轴网端点对齐时会出现对齐提示与距离提示。由于本例仅为示例，因此可对轴网间距自由取值，最终绘图效果如图5.33所示。

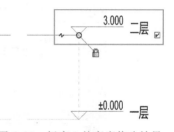

图5.31 标高2的高度修改效果

图5.32 选择轴网绘制功能

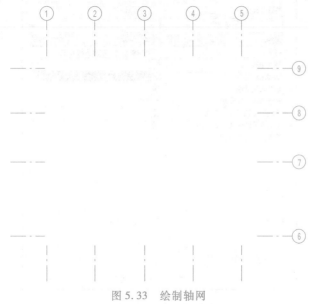

图5.33 绘制轴网

（4）修改轴网编号。点击图5.33中的轴网6，在属性栏中"名称"一栏，输入轴网的新编号"A"，即可将该轴网名称修改为"A"（图5.34）。同样，可将其他横向轴网修改为B、C等。

（5）修改轴网样式。此时绘制的轴网样式与中国的常用轴网表示方法不同，即只在一端有轴网编号，且轴线中段无线条显示，可将其修改为中国的常用轴网表示样式：选中任一轴网，点击属性栏中的"编辑类型"按钮（图5.35），在弹出的对话框中修改"轴线中段"为"连续"，勾选"平面视图轴号端点1（默认）"（图5.36），然后点击"确定"，即可将轴网样式修改为中国的常用样式。

修改完成后，轴网如图5.37所示。

6. 创建墙体

（1）点击"建筑"选项卡，然后点击"墙"→"墙：建筑"。

图 5.34　修改轴网编号

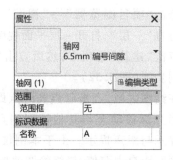

图 5.35　轴网编辑类型

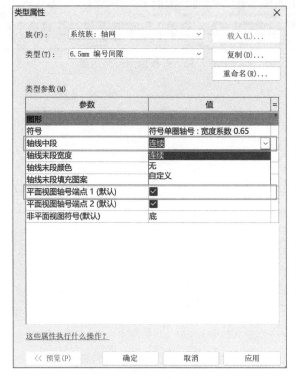

图 5.36　修改轴网样式

（2）在墙体属性栏的类型框中,选择"基本墙 常规 –200 mm"的墙体类型（图 5.38）。

（3）在绘图区域沿轴网绘制任意闭合形状的墙体,效果见图 5.39。

（4）修改墙体高度。新建墙体的默认高度为 8 000 mm,可将墙的顶部修改到二层标高,即将墙的高度修改为 3 000 mm。修改方法为:选择需要修改高度的墙体,然后将其"顶部约束"修改为"直到标高:二层",见图 5.40。

可按住 Ctrl 键,再使用鼠标左键选中多个墙体,一起进行修改。

墙体的高度由属性栏中的"底部约束""底部偏移""顶部约束""顶部偏移"四个属性控制。各属性具有不同的含义。

底部约束:墙体底部的基准标高。

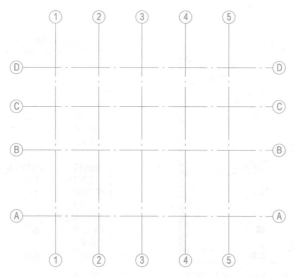

图 5.37 修改后的轴网样式

底部偏移:墙体底部在基准标高基础上的偏移值,正值向上,负值向下。

顶部约束:墙体顶部的基准标高。当"顶部约束"选择"无连接高度"时,表示直接设置墙的高度。

顶部偏移:墙体顶部在基准标高基础上的偏移值,正值向上,负值向下。

(5)修改墙体类型与厚度。如果要绘制的墙体厚度是 240 mm,但当前的墙体厚度为 200 mm,修改方法如下:

(a)选中待修改墙体,然后点击属性栏上的"编辑类型"按钮(图 5.41)。

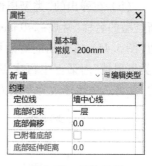

图 5.38 墙体类型

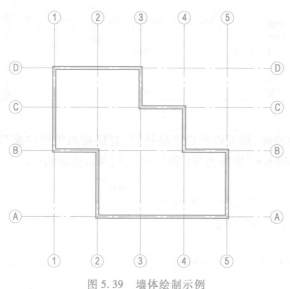

图 5.39 墙体绘制示例

图 5.40　墙体高度修改

图 5.41　编辑类型

（b）在弹出的"类型属性"对话框中点击"复制"（图 5.42），在弹出的对话框中输入新类型的名称"常规-240 mm"（图 5.43），点击"确定"。再点击"结构"一栏的"编辑"按钮（图 5.44），在弹出的对话框中，将结构层厚度改为"240"（图 5.45），点击"确定"，在"类型属性"对话框中再次点击"确定"，即可完成新的厚度为 240 mm 的墙体类型的创建，并将选中墙体改为厚度为 240 mm 的墙体类型。

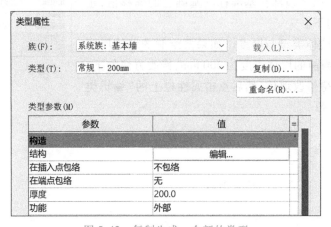

图 5.42　复制生成一个新的类型

（c）对于其他墙体，则可以在选中墙体后，直接在属性栏的类型选择框中选择刚刚创建的"常规-240 mm"墙体类型（图 5.46），则表示将该墙体改为该类型，且厚度为 240 mm。

新建墙体时，也可以选择该新创建的墙体类型，从而创建该类型的墙体。

7. 放置门窗

放置门的操作仍然在一层平面视图中进行。

图 5.43　命名新的类型

图 5.44 点击编辑墙体结构

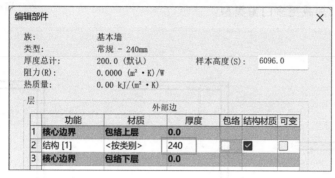

图 5.45 修改墙体厚度

（1）点击"建筑"选项卡的"门"按钮。

（2）在属性栏中选择需要的门类型（图 5.47）。

（3）在墙上要放置门的位置点击，即可将门放置在相应位置。

注意：根据鼠标点击在墙的内侧和外侧的位置不同，门的开合方向也会相应变化（图 5.48）。也可在点击墙体前按空格键，修改门的开合方向。

在门放置完成后，通过点击门旁边的箭头符号，也可调整门的开合方向（图 5.49）。

（4）移动门窗位置。移动门窗位置，需先点击选中门窗，然后将鼠标移动到该门窗上，当出现图 5.50 所示的四个方向箭头的移动标志时，按住鼠标左键移动鼠标，即可对该门窗进行移动。

也可点击选中该门窗，此时旁边会出现临时尺寸（图 5.50），表示该门窗与旁边其他物体的距离。这时，点击临时尺寸的数字（注意是点击数字，不是点击标注线），会弹出输入框，输入新的距离值（图

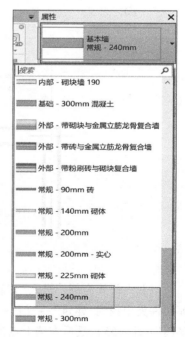

图 5.46 选择厚度为 240mm 的
墙体类型

5.51)后按回车键,即可对门窗位置进行修改。

　　窗的放置方法与门完全一样。读者可在本例中随意放置门窗,完成后通过三维视图查看效果(图 5.52)。

　　修改窗高度:点击选择窗,在属性栏中会出现该窗的属性。其中"标高"指窗户所在的基准标高,"底高度"指窗底部距离基准标高的高度(图 5.53)。将"底高度"修改为 1 000,即表示将窗底标高修改为距一层标高 1 000 mm。

　　8. 载入新的门窗族

　　族是 Revit 软件中的基本单元,Revit 软件中几乎所有构件都是由族组成的,如门、窗、墙、轴网、标注等。可通过"载入族",加载更多门窗类型。

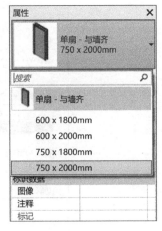

图 5.47　选择门类型

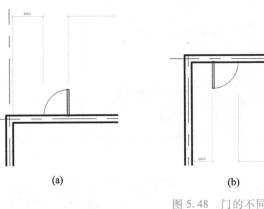

图 5.48　门的不同放置形式

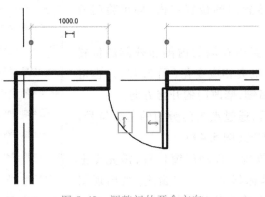

图 5.49　调整门的开合方向

　　以载入门族为例。进入"建筑"选项卡,点击"门",选择"载入族"(图 5.54),在族库文件夹中找到"建筑"→"门"→"普通门"→"平开门"→"双扇",选择"双面嵌板玻璃门"(图 5.55),最后在墙上点击,即可将该新类型门放置在墙上,之后也可使用新载入的门进行绘制。效果如图 5.56 所示。

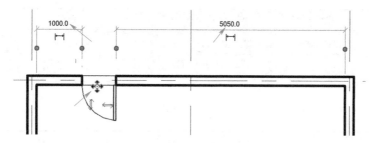

图 5.50 门窗的移动标志和临时尺寸

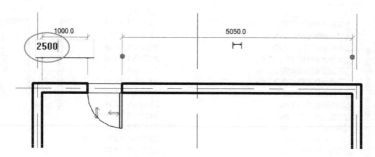

图 5.51 修改临时标注尺寸的值

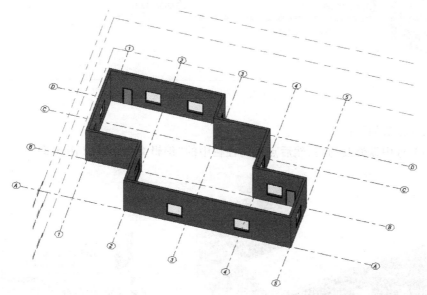

图 5.52 门窗放置结果

注意:如果在族库文件夹中看不到"建筑"文件夹,则说明没有安装族库,可按照 4.4.2 小节讲述的方法进行安装。

9. 创建新的门窗尺寸类型

门族中"单扇-与窗齐"只有 4 种默认高宽尺寸,可通过新增类型来增加更多尺寸的门。

图 5.53 窗高度修改

83

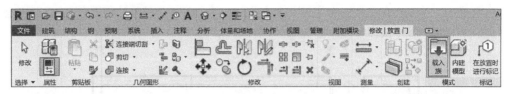

图 5.54　载入门族

图 5.55　选择门族并载入

操作方法如下：

（1）选中欲修改的门，然后点击属性栏中的"编辑类型"按钮（图 5.57）。

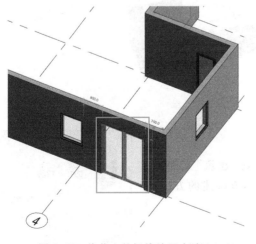

图 5.56　将载入的门族放置在墙上

图 5.57　编辑类型

（2）点击"复制"（图 5.58），输入新的类型名称，如"900×1 500 mm"（图 5.59），点

击"确定"按钮。

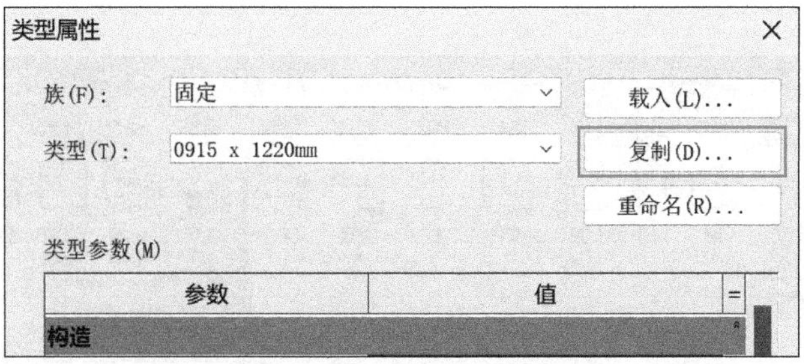

图 5.58　复制生成新类型

图 5.59　输入新类型名称

（3）在"类型属性"对话框中,将"高度""宽度"分别修改为 1 500、900,如图 5.60
所示,然后点击"确定",即可创建 1 500 mm 高、900 mm 宽的门类型。

之后即可使用该新类型,放置该种尺寸的门。

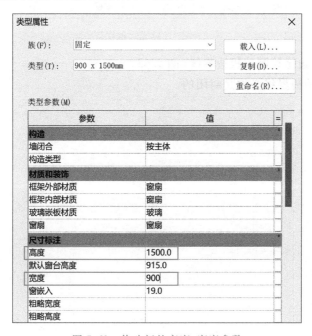

图 5.60　修改门的高度、宽度参数

10. 创建楼板

（1）打开二层平面图。

（2）点击"建筑"选项卡→"楼板"→"楼板：建筑"选项（图 5.61），进入楼板绘制功能。

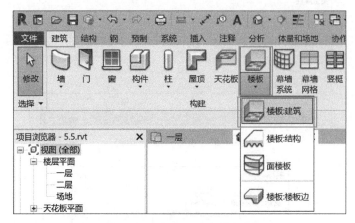

图 5.61　选择绘制楼板功能

（3）在主菜单中，选择线绘制模式（图 5.62）。

图 5.62　选择线绘制模式

（4）沿墙体边缘绘制楼板边界线（图 5.63）。

注意：楼板的边界线必须是封闭的。

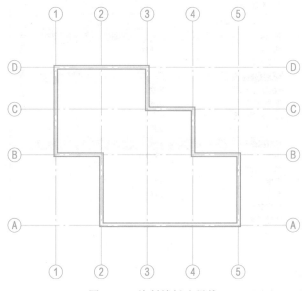

图 5.63　绘制楼板边界线

（5）边界线绘制闭合后，点击界面上方的"✔"（图5.64），即可完成楼板的创建。

图 5.64　点击"✔"

点击"✔"后，可能会弹出标题为"正在附着到楼板"的对话框，选择"不附着"即可。

初学者绘制楼板时常常遇到的问题是：在绘制楼板后，常常无法退出楼板绘制功能，即使按两下 Esc 键也无法退出。原因是楼板绘制功能与其他构件绘制功能不同，楼板绘制是范围绘制，需要明确告知 Revit 软件什么时间绘制结束，因此需要在楼板范围绘制完成后，点击图5.64 中的"✔"或"✖"，明确告知 Revit 软件，楼板的范围绘制完成了，才能退出楼板绘制功能。"✔"表示完成该楼板的绘制，"✖"表示放弃当前楼板的绘制。

若需要改变楼板标高，则先选中楼板，在属性栏中更改"标高"和"自标高的高度偏移"项即可（图5.65）。

至此，入门案例二完成，可打开三维视图，查看建模结果（图5.22）。

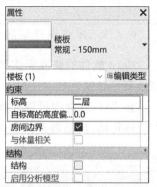

图 5.65　更改楼板标高

第 **6** 章 修改与选择操作

6.1 修 改 操 作

6.1.1 修改操作功能介绍

Revit 软件的修改操作和 CAD 软件有很大的不同,主要体现为二者的修改操作顺序是不一样的。

在 CAD 软件中可以先点击选择各项修改命令,然后再选择要修改的物体;也可以先点选物体,然后再选择各修改命令。两种操作顺序都是可行的(图 6.1)。

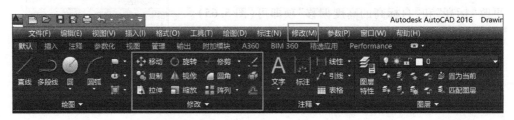

图 6.1 CAD 软件修改功能主界面

但是在 Revit 软件中进行修改操作,只能先选择要修改的物体,然后再点选各修改命令。因为只有在点击选择欲修改的物体以后,顶部的菜单栏才会自动激活、跳出修改命令菜单(图 6.2)。

图 6.2 Revit 软件修改功能主界面

Revit 软件各修改命令的功能和 CAD 软件非常相似,修改命令的功能界面如图

6.3所示,常用的命令包括复制、阵列、对齐、移动、镜像、旋转、缩放等。

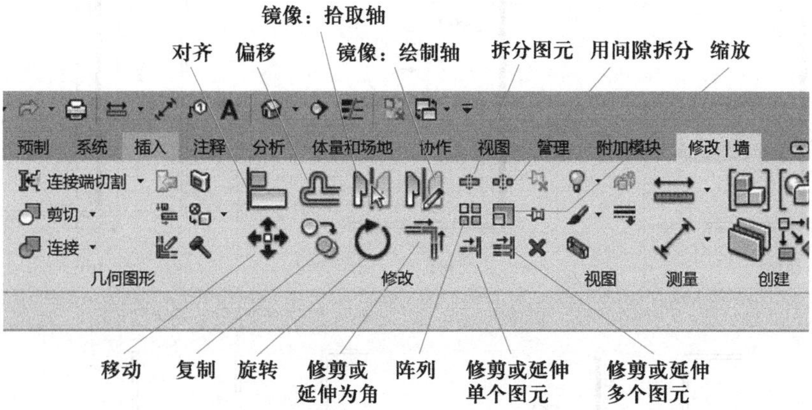

图 6.3 Revit 软件修改命令功能界面

总体来看,Revit 软件中大部分修改功能和 CAD 软件是非常相似的,和 CAD 软件不同的主要是如下几项功能。

(1)对齐:实现物体的对齐操作。对齐功能是 Revit 软件中最强大、最常用的修改功能之一。

(2)拆分图元:主要用于将墙体等拆分为两段。

(3)修剪或延伸为角:在 CAD 软件中被称为"倒角",两者功能完全相同。

(4)修剪或延伸单(多)个图元:在 CAD 软件中是两个命令:"延伸""修剪",而 Revit 软件将这两个命令进行了合并,软件可以根据点选的物体位置,判断使用者的操作是"延伸"还是"修剪",从而进行修改。

Revit 软件的修改命令适用于所有的图元,包括轴网、门窗、标高、墙、楼梯等。

6.1.2 复制

复制是 Revit 软件中最常用的功能之一,它可以将已经存在的对象复制出副本,放置到其他位置。该功能操作简单,和 CAD 软件基本相同。

以墙体为例(视频 6.1):首先选择一段墙体,在激活的顶部修改命令菜单中点击选择"🔍"(复制)命令,然后在该墙体处点击,确定基准点(图 6.4a),再移动光标到复制移动的终点(图 6.4b),点击该点,即可完成复制操作。完成后的效果见图 6.4c。

在 Revit 软件中可以连续复制,即在前述步骤完成后,继续移动光标到新的位置(图 6.4d),点击即可复制生成第三段墙体,如图 6.4e 所示。也可在移动光标、出现墙体复制移动距离提示时直接输入距离,并按回车键,完成复制操作。

视频 6.1 墙体的复制

6.1.3 阵列

阵列功能可以快速创建类似的图元,该功能的操作也不复杂。以墙体为例(视频 6.2),首先选择一段墙体,激活修改命令菜单,点击选择"🔳"(阵列)命令,然后点击墙体上任意一点作为基准点(图 6.5a),向右移动光标至欲阵列出来的第二段墙的位

视频 6.2 墙体的阵列

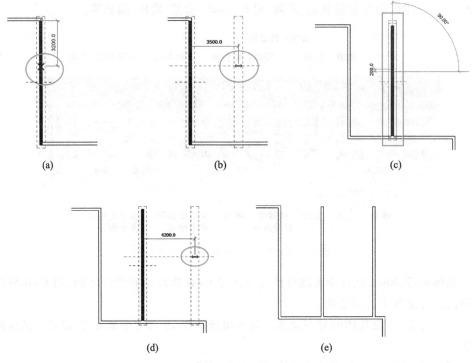

图 6.4　墙体的复制

置,在该位置点击(图 6.5b),此时会弹出所需要阵列数量的输入框,在输入框输入阵列数量,比如输入 5(图 6.5c),然后按回车键,即可完成阵列操作。完成后的效果见图 6.5d。

使用阵列操作时,Revit 软件中会出现图 6.6 所示的阵列常用属性栏,可以选择"第二个"或"最后一个"。其中"第二个"表示点击的点的位置,是阵列的第二个构件的位置;"最后一个"表示点击的点的位置,是阵列的最后一个构件的位置。

Revit 软件中的阵列可以在阵列常用属性栏选择"沿直线创建阵列"或"沿弧形创建环形阵列"(图 6.6 中左下角的两个按钮),沿直线创建阵列需要指定阵列组中各个构件的间距,沿弧形创建阵列则需要指定构件间的夹角,同时需要事先指定弧形阵列的中心点。

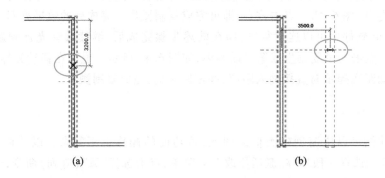

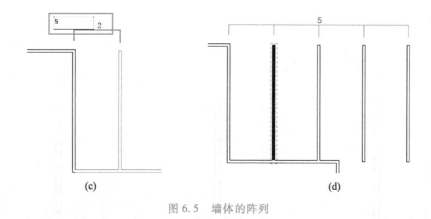

图 6.5 墙体的阵列

图 6.6 阵列常用属性栏

如果出现看不见阵列常用属性栏的情况,可能是视图缩放比例太大,此时可以对视图进行缩放,直至看到阵列常用属性栏。

6.1.4 对齐

对齐功能是将一个物体的边线、中心线等与一个基准线进行对齐,从而移动或者延伸物体到基准线的位置(视频 6.3)。

视频 6.3 墙体的对齐

对齐的操作方法为:选择要对齐的图元,激活修改命令菜单,点击选择"🔲"(对齐)命令,然后点击选择基准线(即欲将图元对齐的位置),最后点击欲对齐的图元的边线或中心线,即可实现对齐操作。

对齐功能可以实现墙体的延伸,也可以实现墙体的移动。

(1)墙体的延伸:以图 6.7 中的墙体为例,以轴线来对齐墙体的端线,则墙体自动延伸到该轴线的位置。

操作方法为:点击图 6.7a 中的墙体,再点击对齐命令,然后点击墙体上部的轴线,即以该轴线为对齐的基准线;再点击墙体的端部边缘线(图 6.7b),即可完成对齐。对齐后的效果见图 6.7c。可以看到,对齐的操作是将该段墙体进行延伸,使其端部边缘线与轴线对齐。

(2)墙体的移动:在图 6.8 中,以轴线为基准线,将墙体的侧边线与所选基准轴线进行对齐,则可以实现墙体的移动。

具体操作为:点击图 6.8a 所示的墙体,然后点击对齐命令,再点击轴线(图 6.8b),之后点击墙体的左侧的外边线(图 6.8c),即可实现对齐功能。其效果见图 6.8d。可以看到,对齐实现了墙体的移动功能,即程序将墙体左移,使其左侧边线与轴线对齐。

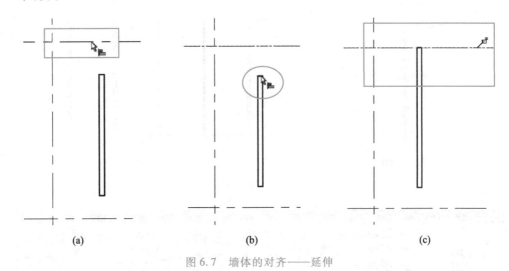

图 6.7　墙体的对齐——延伸

要实现对齐功能,一定要有两条线:一条基准线,一条图元的边线或中心线。

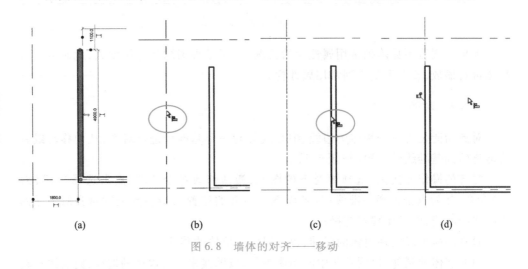

图 6.8　墙体的对齐——移动

6.1.5　偏移

视频 6.4 墙体的偏移

偏移是创建一个与选定对象类似的新对象,并把它放置在离原对象有一定距离且平行的位置,同时保留原对象(视频 6.4)。

实现该功能的基本操作如下:

首先选择要偏移的墙(图 6.9a),激活修改命令菜单,然后选择"🔬"(偏移)命令,此时会出现常用属性栏,如图 6.9b 所示,选择"数值方式",并在"偏移"栏中输入要偏移的距离,如 2 000,然后确定偏移的方向,即将光标放置在墙体的右侧(图 6.9c),表示向右偏移,点击鼠标完成偏移操作。完成后的效果如图 6.9d 所示。

确定偏移方向时,如果在墙的左边点击,则会使生成的新对象往左边偏移;如果在右边点击,则会使生成的新对象往右边偏移。

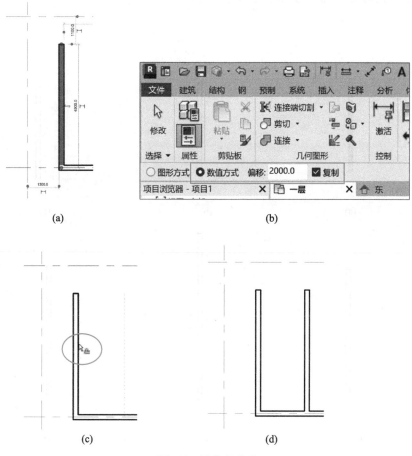

图 6.9　墙体的偏移

6.1.6　修剪或延伸单个图元

"修剪或延伸单个图元"功能可以修剪或延伸一个图元(如墙、梁、线)到其他图元所处的位置(视频 6.5)。

实现该功能的基本操作如下:

首先点击图 6.10a 中的墙体,激活修改命令菜单,选择"⫽"(修剪或延伸单个图元)命令,然后点击横向的轴线(图 6.10b)作为边界线,即作为要修剪或延伸图元所要到达的终止线,之后移动光标到墙体,当出现细虚线提示时(图 6.10c)点击鼠标,则该墙体将延伸到轴线位置。完成后的效果如图 6.10d 所示。

但若对图 6.10e 所示的墙体进行同样的操作则会发现,该墙体将发生修剪(图 6.10f),即以轴线为边界线,对该墙体进行了修剪。

本操作的要点:

(1)Revit 软件将自动判断使用修剪命令还是延伸命令。图元未与基准线相交则

视 频 6.5 墙体 的 修 剪/延伸

判断为延伸命令；图元与基准线相交则判断为修剪命令。而在 CAD 软件中，裁剪和延伸是两个单独的命令，需要人为判断选择。

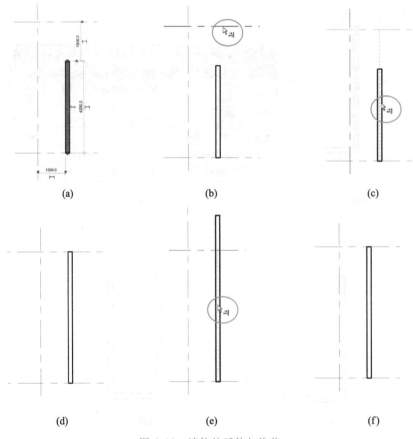

图 6.10　墙体的延伸与修剪

（2）在进行修剪时，点击位置不同，其所保留的图元部分是不同的，即选择要修剪的图元时，单击位置是要保留的图元部分。如图 6.10e 中的墙体，以横向的轴线为基准线进行"修剪或延伸图元"，则当点击墙体的上部时（图 6.11a），出现的效果与图 6.10f 不同，此处是保留了墙体的上半部分（图 6.11b）。

也就是说，使用"修剪或延伸单个图元"命令时，点击位置即为要保留的部分。

6.1.7　修剪或延伸为角

"修剪或延伸为角"功能可以修剪或

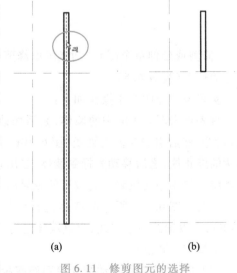

图 6.11　修剪图元的选择

延伸图元以形成一个角,类似于 CAD 软件的"倒角"功能(视频 6.6)。

　　实现该功能的基本操作是:首先点击选择要修剪或延伸的物体,激活修改命令菜单,选择"✂"(修剪或延伸为角)命令,再选择要修剪或延伸为角的两个图元,如图 6.12a 中的两段墙体,则会形成一个封闭的角,如图 6.12b 所示,从而实现修剪或延伸为角的功能。

视频 6.6 墙体的 修 剪/延伸为角

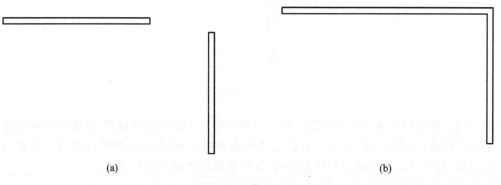

(a)　　　　　　　　　　　　　　　(b)

图 6.12　墙体延伸为角

6.1.8　镜像

　　镜像功能和 CAD 软件的镜像功能相似,能够对图元完成镜像复制,在镜像位置生成相同的新图元(视频 6.7)。

　　镜像功能的基本操作如下:以图 6.13a 所示墙体为例,首先点击选择要镜像的物体(左侧墙体),激活修改命令菜单,选择"◪"(镜像:拾取轴)命令,再点击选择竖向的墙体(图 6.13b),表示将其作为镜像轴,单击确定后,则会在另一侧生成一个相同的横向墙体,实现镜像的操作。完成后的效果如图 6.13c 所示。

视频 6.7 墙体的镜像

6.1.9　拖放修改

　　同 CAD 软件一样,Revit 软件也拥有强大的拖放修改功能。仍然以墙体为例进行介绍。

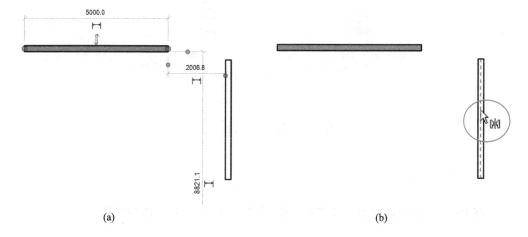

(a)　　　　　　　　　　　　　　　(b)

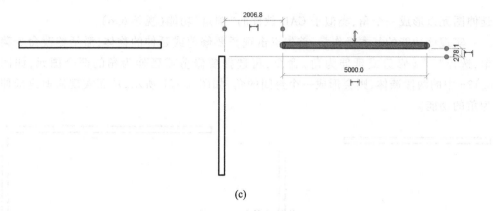

图 6.13 墙体的镜像

（1）使用端点进行拖放修改。在平面视图中点击选中墙体以后，在墙体两端会显示一个圆点，如图 6.14a 所示。点击选中圆点并按住鼠标左键，则圆点变为上下移动的图标，此时可以对墙体进行任意拖拽，从而修改墙体端点的位置。

（2）对整段墙体进行拖放移动。点击选中某段墙体后，将光标移动到墙体上悬浮，则光标会变成四个方向箭头的移动图标，如图 6.14b 所示。此时，按住鼠标左键，移动鼠标，即可实现整段墙体的移动。

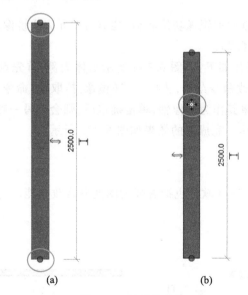

图 6.14 墙体的拖放

6.2 物 体 选 择

6.2.1 选择物体

在 Revit 软件中选择图元有多种方法，主要分为两大类：点选和框选。

（1）点选：鼠标单击图元，即可选择该图元；按住"Ctrl"键，再点击选择图元，则可实现多个图元选择功能；按住"Shift"键，再点击已选择的图元，则表示去除对该图元的选择。

（2）框选：分为窗选和交叉选择两种。

（a）窗选：鼠标从左上角到右下角拖拉形成矩形选择框，此时矩形选择框为实线，表示只选择全部包含在该实线框内的物体。

（b）交叉选择：鼠标从右下角到左上角拖拉形成矩形选择框，此时矩形选择框为虚线，表示选择所有与该虚线框有交叉的物体。

Revit软件还有特殊的选择功能：

（a）选择全部实例。选择某个图元后，点击鼠标右键，选择"选择全部实例"，可以选择与当前选择的图元类型一样的所有图元。

（b）Tab键选择切换。对于重叠在一起的图元，可以通过将光标悬浮在图元上，然后多次按"Tab"键，则会在该位置所重叠的各个图元进行切换选择，直至选中所需要的图元。切换时，注意Revit窗口左下角，该处的提示框会出现当前的物体名称提示信息。

6.2.2 过滤

过滤功能可以有针对性地快速选择需要的指定类别的图元，即先选择一部分图元后使用过滤功能，可在已选择的图元中筛选过滤出指定类别的图元。比如，先使用框选，选择当前模型的所有图元，然后使用过滤功能，将前面选择的物体中的所有墙过滤出来，并处于选中状态。

实现该功能的基本操作是：选中多个图元，激活修改命令菜单，此时会出现"过滤器"命令（图6.15a）；点击"过滤器"命令后，会弹出当前选择集所包含的类别（图6.15b），勾选需要选择的类别，点击"确定"，即可实现过滤功能。

6.2.3 锁定图元

锁定功能用于将模型图元锁定到当前位置。图元被锁定以后就不能对其进行移动，从而可以防止因误操作而移动了不应该移动的物体，例如已经绘制完成的标高、轴网、链接的CAD图纸等。

实现该功能的基本操作是：选中想要固定位置的图元，激活修改命令菜单，再点击选择"🕮"（锁定）命令（图6.16）。

对于已经锁定的图元，想要改变其位置时，可以在选择图元后，点击"🕮"（解锁）命令（图6.16），解除其锁定，使其可以移动。

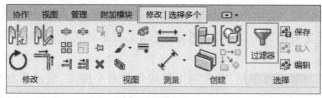

(a) 过滤器的功能位置

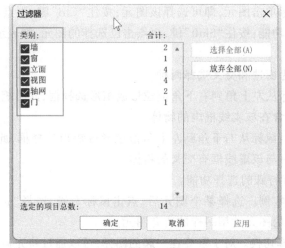

(b) 过滤器筛选界面

图 6.15　过滤器功能位置及筛选界面

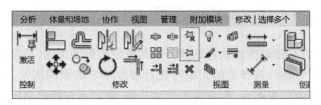

图 6.16　锁定功能

6.2.4　选择的选项设置

Revit 软件右下角为选择的选项设置(图
6.17)。

（1）选择基线图元：能够选择底图中包含
的图元。

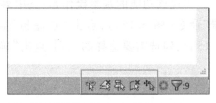

图 6.17　选择的选项设置

（2）选择锁定图元：能够选择被锁定且无法移动的图元。

（3）按面选择图元：通过单击面而不是边来选择图元。

（4）选择时拖拽图元：选择图元即可拖拽。

6.3　组

Revit 软件的"组"功能与 CAD 软件的"块"功能相似，即将多个图元组合打包为
一个整体。对于重复出现的、相同的图元，可以实现组内图元的整体操作，如移动、复
制、阵列等。

实现该功能的基本操作是：首先选中要成组的多个图元，激活修改命令菜单，即出
现"创建组"命令，如图 6.18 所示。点击"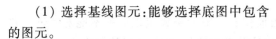"（创建组）命令并输入组名称，所选图元

自动成组。

需要注意的是,"阵列"命令完成后,所阵列出来的图元会自动成组。

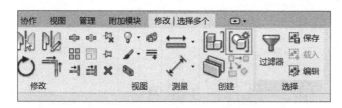

图 6.18 组功能

图元成组后,若需要对其中的某个图元进行修改,有两种办法。

(1)解组。将组恢复为各个图元,此时可单独进行修改。一般的组,将直接把当前整个组解组;而阵列后的组,则是将当前选择的物体从组中解组。

(2)编辑组。选择要修改的"组",激活修改命令菜单,如图 6.19 所示,点击选择"编辑组",此时可以对组内的每个图元进行修改,添加、删除或更改图元属性。

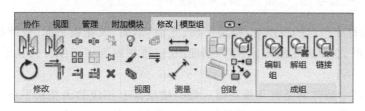

图 6.19 组的修改功能界面

(a)在"组编辑器"面板(图 6.20)上,单击""(添加)图标,将对象添加到组;或者单击""(删除)图标,从组中删除对象。

(b)选择要添加到"组"的对象或者要从组删除的对象。

(c)点击"",完成编辑组。

图 6.20 "组编辑器"

第 6 章作业

第 6 章四色插图

第 **7** 章 视图与显示

7.1 视图种类

7.1.1 楼层平面、立面、剖面、天花板平面、三维视图

Revit 软件中包含的视图有:楼层平面、立面、剖面、天花板平面、三维视图。楼层平面即平面图,立面为立面图,剖面为剖面图,三维视图则以三维方式显示 Revit 三维模型。

以上视图中特殊的是天花板平面。每一楼层都有相应的天花板平面。天花板平面与楼层平面的区别是:楼层平面是从剖切面往下看的,而天花板平面是从剖切面往上看的。但往上看时,其轴网是反的,如正常轴网序号从 1 到 7,而往上看时,轴网序号会变成从 7 到 1,这与我们平时的设计习惯不符。因此 Revit 软件的天花板平面是将往上看到的内容再往下进行投影,从而形成轴网顺序与我们平时设计习惯一致的天花板平面。天花板平面主要用来反映或绘制吊顶上的喷头、吊灯等。

7.1.2 视图及文件的切换

如前所述,Revit 软件具有多个视图,它也可以同时打开多个文件。我们可以通过多种方法对不同的视图或文件进行切换。

方法一:在顶部栏点击"切换窗口"图标,如图 7.1 所示。

图 7.1 窗口切换方法一

方法二:点击"视图",再点击"切换窗口",如图 7.2 所示。

方法三:在项目浏览器中点击所需视图,如图 7.3 所示。这种方法仅适用于当前文件的视图切换。

方法四:在绘图区域顶部直接切换,如图 7.4 所示(Revit 2019 以上版本适用)。

图 7.2 窗口切换方法二

7.1.3 标高与平面视图的关系

每个平面视图必须有一个标高与其对应,但一个标高可以对应一个或多个平面视图。可以通过复制视图功能将平面视图复制,生成多个同一标高的平面视图(详见 7.8 节)。

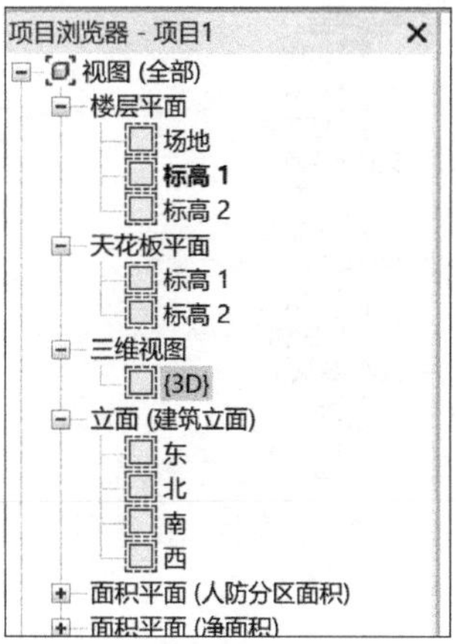

7.1.4 默认三维视图

Revit 软件中的三维视图可以有多个,但一般来说,有一个是最常用的。因此 Revit 软件提供了默认三维视图功能,方便用户查看该最常用的三维视图。

查看"默认三维视图"的方法如下。

图 7.3 窗口切换方法三

方法一:在顶部栏点击"默认三维视图"图标,如图 7.5 所示。

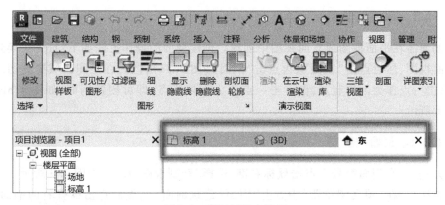

图 7.4 窗口切换方法四

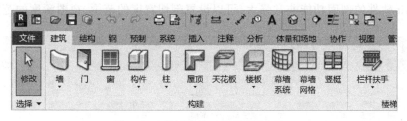

图 7.5 打开"默认三维视图"方法一

方法二:在"项目浏览器"中点击"三维视图",再点击"{三维}",如图 7.6 所示。

需要注意,该三维视图在 Revit 2020 以上版本中不是默认出现的,需要按方法一操作一遍,方可出现该三维视图。

方法三:点击"视图",再点击"三维视图",然后点击"默认三维视图",如图 7.7所示。

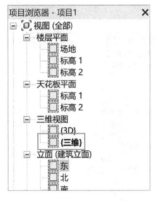

图 7.6　打开"默认三维视图"
方法二

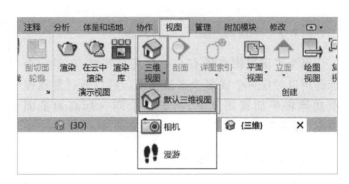

图 7.7　打开"默认三维视图"方法三

7.2　剖　　面

7.2.1　剖面的创建

剖面需在平面视图或立面视图中创建。创建剖面的操作方法如下:首先切换到任一平面视图,然后点击"视图",再点击"剖面"(图 7.8a),之后在绘图区域要剖切的位置,点击一点作为剖切起点,再点击一点作为剖切终点,即可创建剖面,如图 7.8b、视频 7.1 所示。

视频 7.1 剖
面的创建

7.2.2　剖面的查看

方法一:在剖面符号上点击鼠标右键,选择"转到视图(G)",如图 7.9 所示。

方法二:在"项目浏览器"中点击"剖面(建筑剖面)",然后点击欲查看的剖面,如图 7.10 所示。

Revit 软件的剖面功能非常强大,可以设置剖切宽度的范围、视图深度的范围。

(a) 剖面按钮

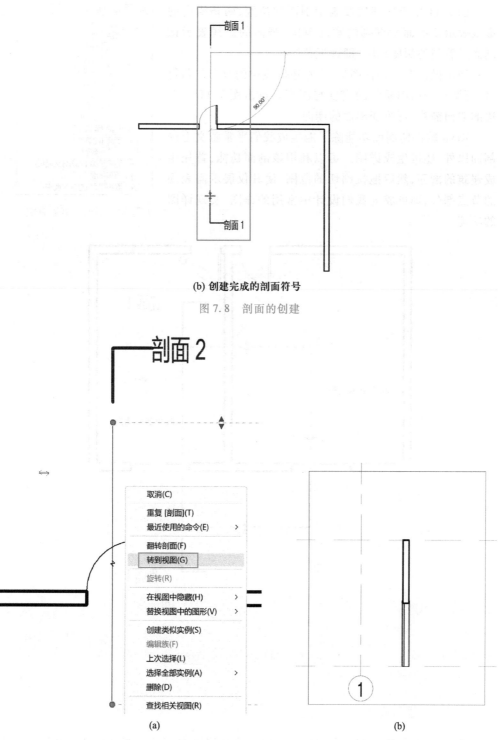

(b) 创建完成的剖面符号

图 7.8 剖面的创建

(a)

(b)

图 7.9 剖面的查看方法一

图 7.11 中竖向细实线表示剖面的位置,两条横向的虚线表示该剖面所看到的宽度范围,竖向的虚线表示该剖面所看到的深度范围,即远近范围。

使用鼠标左键按住图 7.11 左边区域中的双向三角符号,可调整剖面图显示的宽度与深度。点击图 7.11 中右边的双向箭头,可改变剖面的朝向。

Revit 软件的剖面功能除了能生成我们平常意义上的剖面以外,还可生成详图。可以利用该剖面功能,首先生成建筑的剖面,然后拖拉剖切的范围,使其仅展示需表现的节点部分,即可成为我们设计中常用的详图,实现详图的功能。

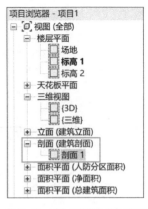

图 7.10　剖面的查看方法二

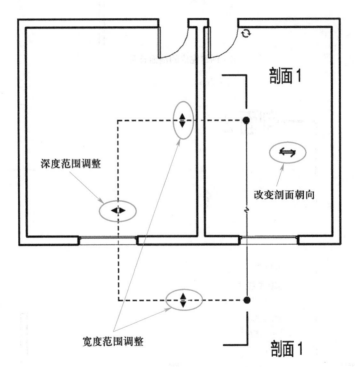

图 7.11　剖面的宽度、深度、朝向的调整

7.3　视图显示控制

7.3.1　显示样式

Revit 三维软件具有强大的显示功能。通过屏幕左下角的视觉样式按钮"▱",可以设置显示样式:线框、隐藏线、着色、一致的颜色、真实,如图 7.12 所示。

(1) 线框:显示所有线(图 7.13a)。

（2）隐藏线：将不可见的线条自动隐藏（图 7.13b）。

（3）着色：考虑日光投影，采用材质中的"图像"颜色进行显示（图 7.13c）。

（4）一致的颜色：不考虑日光投影，采用材质中的"图像"颜色进行显示（图 7.13d）。

（5）真实：采用材质中的"外观"属性进行显示（图 7.13e）。

图 7.12　显示样式

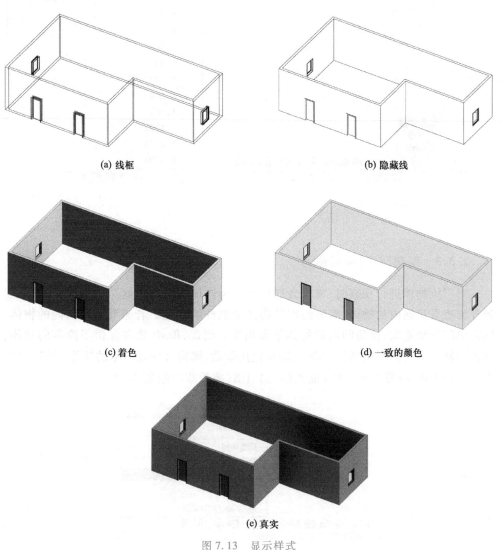

(a) 线框　　　　　　　　　　(b) 隐藏线

(c) 着色　　　　　　　　　　(d) 一致的颜色

(e) 真实

图 7.13　显示样式

7.3.2　显示详细程度与显示比例

在屏幕的左下角，有显示详细程度的设置按钮"□"。Revit 软件的显示详细程度有粗略、中等、精细三种设定,如图 7.14a 所示。

　　视图也可以设置显示比例,点击详细程度设置按钮左边的比例数字(图 7.14b 箭头所指位置),即可设置不同的显示比例。图示比例(1∶100)为施工图中的常用比例。

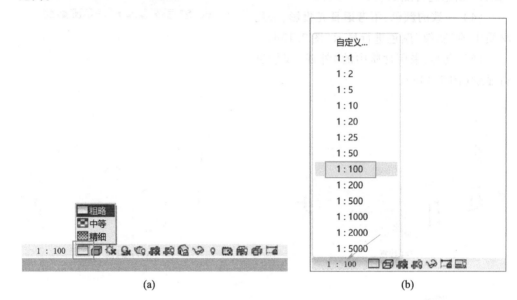

(a)　　　　　　　　　　　　　　　(b)

图 7.14　显示详细程度与显示比例

7.3.3　隐藏图元、隔离图元

　　对三维物体进行观察时,常常会遇到有些物体被前面物体遮挡的情况,如欲从建筑外面查看房间内的物体,则房间内的物体会被外墙挡住。若想看到房间内的物体,则需要将外墙隐藏,使房间内的物体暴露出来。因此,Revit 软件提供了隐藏的功能,点击屏幕左下角的眼镜图标" ",即可使用隐藏、隔离和恢复显示的功能(图 7.15)。推荐采用 HH(隐藏图元)、HI(隔离图元)、HR(重设临时隐藏/隔离)快捷键。

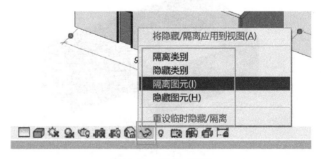

图 7.15　隐藏、隔离

　　(1)隐藏图元:隐藏选中的物体。选择图元,然后点击该按钮,即可将该图元隐藏。也可使用右键实现:选择图元后,点击右键,然后选择"在视图中隐藏"。

（2）隔离图元：仅显示选中的物体。先选中一个或多个物体，然后点击"隔离图元"，则屏幕中只显示选中的物体。

（3）重设临时隐藏/隔离：恢复正常视图。

（4）隔离类别、隐藏类别：可对一类物体进行隔离与隐藏操作。

7.3.4 视图可见性

Revit 软件的视图可见性类似 CAD 软件的图层，但比 CAD 软件的图层功能更强大。使用视图可见性，可以分别控制各类物体是否显示，比如可以将所有门设置为不显示、将所有柱子设置为不显示，或者设置为只显示所有墙体等。

操作方法：点击任一视图，在"属性"窗口中找到"可见性/图形替换"（图 7.16），点击旁边的"编辑"，出现图 7.17 所示的界面。

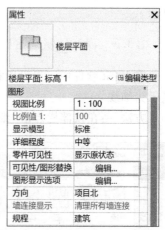

图 7.16　视图属性中的"可见性/图形替换"

其中各选项卡的功能如下：

（1）模型类别：可以设置实体类别是否显示，如门、窗、墙、楼板等。

（2）注释类别：设置注释、轴网、标记、剖面线等是否显示。

（3）分析模型类别：结构受力分析模型的显示控制。

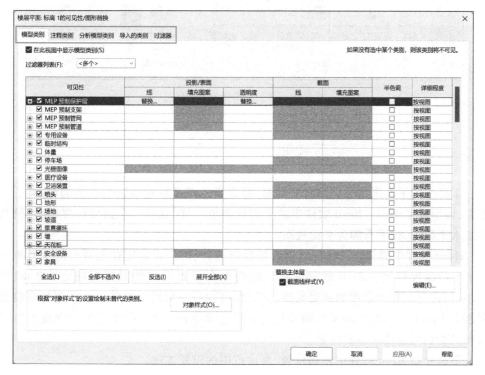

图 7.17　视图可见性

（4）导入的类别：导入或链接的 CAD 文件、Revit 文件等的显示控制。

（5）过滤器：可自行定义过滤器，从而将满足指定条件的物体设置为显示或不显示。

7.3.5　视图的粗细线显示

在 Revit 软件中可以设置视图中各种线的粗细，即显示为图纸线型宽度，或全部显示为细线。

方法一：在顶部栏点击"细线"图标，如图 7.18 所示。

图 7.18　切换粗细线显示方法一

方法二：点击主菜单中的"视图"选项卡，然后点击"细线"，如图 7.19 所示。

图 7.19　切换粗细线显示方法二

7.4　平面视图的剖切位置与可见范围

工程中的平面图本质上是水平剖面，即在窗的高度对建筑进行水平剖切，然后往下看，即形成平面图。Revit 软件中的平面视图也一样，也有一个剖切位置，从该剖切位置水平剖切，往下看即为平面视图。

Revit 软件中的剖切位置可以自行设定修改，同时可以设定往上看的高度范围与往下看的深度范围。Revit 软件中默认的剖面高度是当前楼层标高往上 1.2 m（图 7.20a），这与工程中常用的剖切高度，即窗的高度是一致的。默认往上看到的高度范围是 2.3 m（图 7.20a），即从当前楼层标高往上 2.3 m。默认往下看到的深度范围是 0，即只看到当前楼层标高位置。

下面介绍 Revit 软件中剖面位置、高度范围的设置方法。

在楼层平面的属性中，找到"视图范围"，点击"编辑"（图 7.20b），即可出现视图范围设置界面(图7.20a),各参数的含义如下。

(1)顶部:表示可视范围的顶部,如图7.20a中"相关标高(标高1)"表示基准标高是"标高1";偏移量为2 300,表示标高1往上2.3 m。

(2)底部:表示可视范围的底部,如图7.20a中偏移量为0,表示只看到标高1位置。

(3)剖切面:表示剖切高度,如图7.20a中偏移量为1 200,表示剖切高度为标高1往上1.2 m。

(4)视图深度:是主要可视范围外的附加深度,设置位于底部平面以下的高度范围。

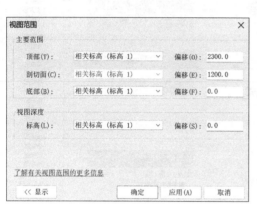

(a) 视图范围

(b) 属性

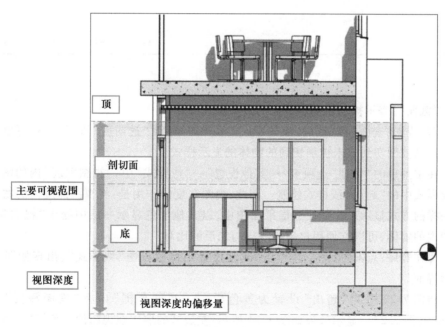

(c) 视图范围详解图

图7.20 视图范围

图 7.20c 是各个参数的具体位置。

在"可见性/图形替换"的"模型类别"中,每个物体右边有两大属性:"投影/表面""截面",如图 7.21 所示。

"投影/表面":表示未剖切的图元的显示样式设置。

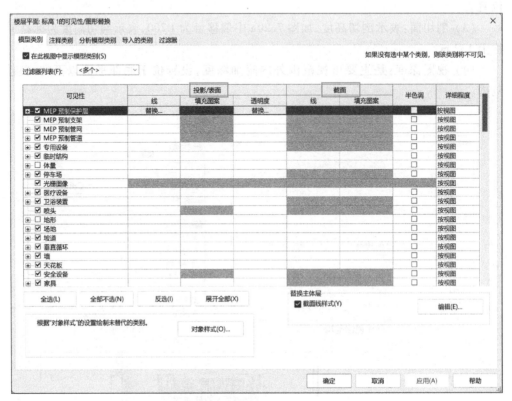

图 7.21 "投影/表面"与"截面"

"截面":表示被剖切到的图元的显示样式设置。

对"投影/表面"和"截面"下的"线""填充图案"及"透明度"进行调整,可以在视图中控制被剖切到或未被剖切到的物体的显示样式。

在主菜单的"管理"选项卡→"其他设置"→"线样式"中,"视图深度"内的图元会以线样式中的"超出"线样式绘制。因此,视图深度的作用是:将视图深度内的物体以不一样的方式显示。比如在二层平面图中,以其他颜色显示一层中处于"视图深度"范围内的物体,可以方便用户进行一层与二层的比对。

操作顺序:点击"管理",再点击"其他设置",然后点击"线样式",出现如图 7.22 所示界面。

将图 7.22 中的"超出"设置为黄色后,在"视图范围"内将"视图深度"设置为-600(图 7.23),显示效果如图 7.24 所示:左边矮的墙体在视图深度范围内,因此显示为黄色,而右边的墙体则正常显示。

图 7.22 线样式

图 7.23 将"视图深度"设置为 -600

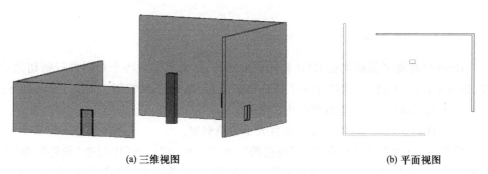

(a) 三维视图   (b) 平面视图

图 7.24 视图深度内的物体显示

7.5 底 图

底图一般用于显示其他楼层的物体,如二层显示一层的物体、一层显示三层的物体,如图 7.25 所示。在 Revit 软件以前的版本中,底图被称为基线。

底图一般用浅色显示。

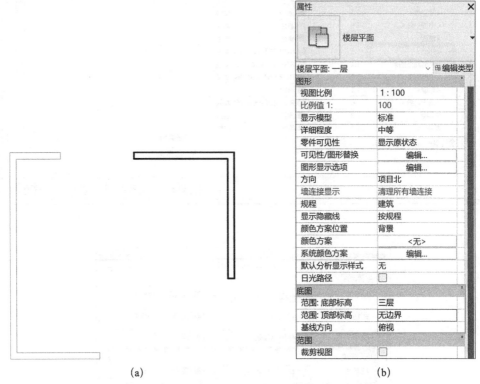

(a)   (b)

图 7.25 底图

7.6 裁剪视图与剖面框

7.6.1 裁剪视图

Revit 软件除了提供类似 CAD 软件的剖面外,还提供了从各个角度进行剖切的功能,即裁剪视图的功能。裁剪视图可用于平面、立面、剖面、三维视图。其属性含义如下:

(1)裁剪视图:只显示裁剪框内的物体。

(2)裁剪区域可见:显示可以调整大小的裁剪框。

操作方法(视频 7.2):点击"三维视图",在属性栏的"范围"中勾选"裁剪视图"和"裁剪区域可见"(图 7.26a),然后如图 7.26b 所示,移动四边的四个圆点,即可调整裁剪区域。

视频 7.2 裁剪视图

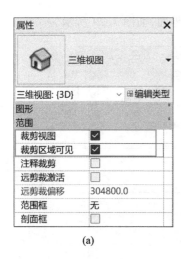
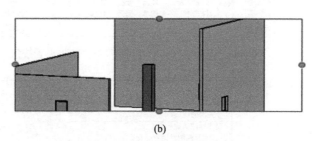

(a)   (b)

图 7.26　裁剪视图

7.6.2　剖面框

在三维视图属性栏的"范围"中,还有一个更强大的功能,即剖面框,也就是三维剖切功能(视频 7.3)。勾选"剖面框",可以对六个边界面的显示范围进行调整,如图 7.27b 所示。分别按住剖面框六个面的箭头,即可调整剖面框的尺寸与位置。

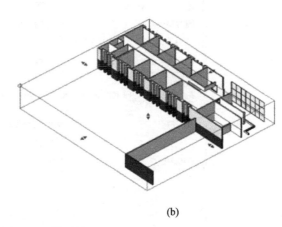

视频 7.3 剖面框的创建

(a)   (b)

图 7.27　剖面框

7.7　捕　　捉

在 CAD 软件中,用户可以开启端点、中点、垂足、原点等"点"的捕捉,同样,在 Revit 软件中,用户也可以进行捕捉设置。

Revit 软件中的操作均自带捕捉功能,可自行定义捕捉对象类别,也可以关闭捕捉,进行捕捉的设置,其方法如下:

点击"管理"→"捕捉"(图 7.28),即出现捕捉设置界面,如图 7.29 所示。

图 7.28　捕捉设置按钮

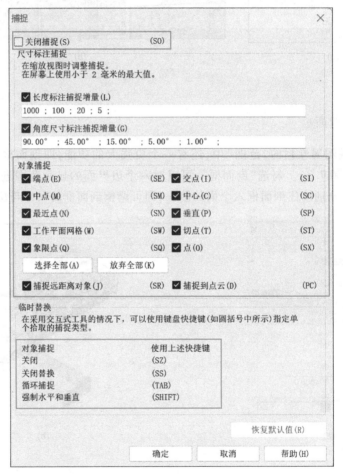

图 7.29　捕捉设置界面

若需临时使用特定捕捉,则有两种方法。

方法一:使用快捷键进行捕捉,各快捷键如图 7.29 所示。

方法二:右键捕捉方式。在绘制操作时,比如绘制墙,如果要使用特定捕捉,如捕捉"垂足",则可点击鼠标右键,然后点击"捕捉替换",再选择"垂足",如图 7.30 所示。

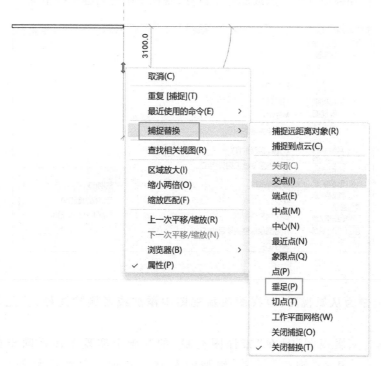

图 7.30 右键捕捉

7.8 视图的复制

7.8.1 视图复制的方法

通常默认每个楼层只有一个平面视图,但有时候,用户希望对同一楼层用不同方式进行显示。比如,对于一层平面视图,用户希望一个视图展现建筑和结构,而另一个视图仅展现一层的结构构件。此时,就需要使用复制视图功能,即复制生成一个新的一层平面视图,然后在"可见性与图形替换"中对该新的视图单独设定其显示内容,使其仅显示结构构件。

另外需注意,在复制平面视图时,平面视图所对应的标高是不会发生改变的。

复制视图的操作方法:在项目浏览器中,点击欲复制的视图,然后点击鼠标右键,再点击"复制视图",如图 7.31 所示。

7.8.2 三种复制的区别

由图 7.31 可以看到,有三种复制,三种复制各有不同。

(1)复制:把当前视图中的所有模型几何图元(包含隐藏的)均复制到新的视图中。注意:新视图中不包含原视图中的注释。

(2)带详图复制:在复制的基础上,把注释(包含尺寸标注、详图、文字、标记等)

115

一并复制。但如果原视图添加或删除了注释,新视图中的内容保持不变。

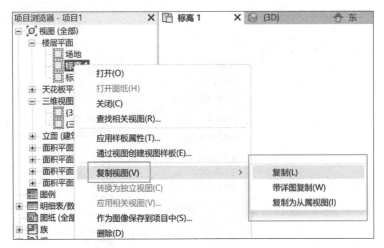

图 7.31　视图的复制

（3）复制为从属视图:原视图或新视图中添加或者删除注释,彼此之间会保持同步。

"复制为从属视图"是在"带详图复制"的基础上实现了注释同步更新的功能,而"带详图复制"则在"复制"模型的基础上实现了复制注释的功能,如图7.32 所示。

Revit视图	复制模型	复制注释	注释同步更新
复制	●		
带详图复制	●	●	
复制为 从属视图	●	●	●

图 7.32　三种复制的区别

7.8.3　三种复制的用途

（1）复制:

（a）通过复制不同的视图,从而控制不同专业的显示内容。

（b）可将不同类型的注释分开,分别出图。

（c）可通过"可见性/图形替换",在同一标高的不同视图中,实现分别显示不同类别的内容。

（2）带详图复制:用于阶段性的注释备份,可以分阶段、分不同细度要求出图。

（3）复制为从属视图:用于尺寸、跨度较大的分区展示,如很长的平台、复杂幕墙等。

7.9 视图的规程

Revit 软件中的规程相当于工程中的五个专业,即建筑、结构、给排水、电气、暖通,而 Revit 软件中的六个规程分别是建筑、结构、机械、电气、卫浴、协调,其中的机械规程对应暖通专业,卫浴规程对应给排水专业,而协调规程不区分专业,各专业的内容中都会显示。

建筑规程表示当前视图显示建筑、结构的内容,结构规程则表示当前视图只显示结构构件,如梁、柱等。但这个分类显示其实是需要自行设置的,并非自动的,即设置结构规程后,还要在"可见性/图形替换"中设置为仅显示结构构件。

对于建筑、结构专业,规程的效果并不特别明显,但是对于设备专业,规程是极其重要的。因为设备专业的 Revit 样板,如"机械样板",其"项目浏览器"是按照规程分类显示的(图 7.33a),这为设备设计人员控制各专业最终出图的内容提供了有效的便利手段。

设置方法:在"项目浏览器"中,点击欲修改的视图,然后在"属性"栏中对"规程"进行切换,如图 7.33b 所示。

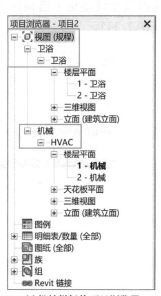

(a)机械样板的项目浏览器

(b) 规程设置

图 7.33 视图的规程

7.10 常见问题

7.10.1 物体不可见

初学者在刚接触 Revit 软件时,常常会遇到所绘制的物体不可见的问题。主要有三方面原因。

（1）物体标高问题。即所绘制的物体并不在当前标高范围,比如将二层的物体绘制到了一层标高上,则在二层平面上就看不到该物体。

解决办法:首先在"三维"视图中查看物体的真实位置,然后修改物体的标高。

（2）剖切面的高度与视图范围问题。即该物体的所在标高不在当前视图显示范围内。

解决办法:在视图的属性栏对视图范围进行修改,见 7.4 节。

（3）类别的可见性控制问题。即在该视图的"可见性/图形替换"中,关闭了该物体类别的显示。

解决办法:点击"视图",然后点击属性栏中的"可见性/图形替换",在该界面打开该类物体的显示,见 7.3.4 小节。

7.10.2　楼层平面视图被误删除

初学者常常会遇到某些楼层平面视图消失、被误删除的情况,这时只需创建新的楼层平面视图即可。

操作方法:点击主菜单中的"视图"选项卡,然后点击"平面视图",在该界面中,将会出现没有任何平面视图与其对应的标高,选择欲生成楼层平面视图的标高,点击"确定",即可重新生成该标高的楼层平面视图(图 7.34)。

第 7 章作业

第 7 章四色
插图

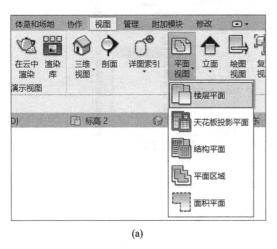

(a)

(b)

图 7.34　楼层平面视图的创建

第 **8** 章　标高、轴网与标注

8.1　标　　高

8.1.1　标高的绘制

标高只能在立面视图或剖面视图中进行绘制。

绘制方法:打开任一立面视图,点击主菜单的"建筑"选项卡,然后点击"标高"(图8.1),再在绘图区域点击标高的起点,之后点击终点,即可绘制标高(视频8.1)。

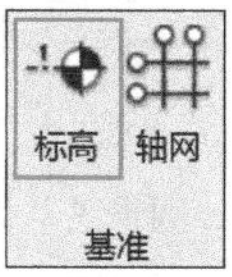

新建标高后,软件会自动创建与该标高名称相同的楼层平面视图。

8.1.2　标高的类型

标高的类型包括:上标头、下标头、正负零标高(图8.2)。

不同的标高类型适用于不同的情况。如果有两个相近的标高,其数字与符号会堆叠在一起,那么其中一个可以用上标头,另一个用下标头,这样就可以把它们清晰地区分开来。"±0.000"的标高一般专用于一层的建筑标高。

8.1.3　标高名称与楼层平面名称

修改标高名称:点击选择欲修改的标高,在"属性"页面的"名称"中进行修改(图8.3)。

Revit 软件默认界面中的名称是"标高(1)""标高(2)""标高(3)"等,来自英文直译,这不符合我国的使用习惯,我国一般习惯称为"一层""二层""三层"。所以用户最好养成习惯,将标高名称改成中文的"一层""二层""三层"等(图8.4)。

标高名称修改完成以后,一般会出现一个提示,询问"是否希望重命名相应视图"(图8.5)。此时应选"是",保持"标高"和"楼层平面"的名称相同。

8.1.4　标高的其他设置

在标高的常用属性条中勾选"创建平面视图"(图8.6),则新建标高时,软件会自

图 8.1　标高按钮

视频 8.1 标高绘制

动创建与标高名称同名的平面视图。

图 8.2　标高的类型　　　　　　　　　　图 8.3　修改标高名称

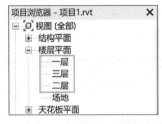

图 8.4　标高修改完成后的楼层平面　　　　　　图 8.5　重命名相应视图

　　在创建标高时,也可不勾选图 8.6 中的"创建平面视图",即不创建平面视图。但初学者一般不要这样做,应尽量保证"创建平面视图"这一选项是勾选的,即创建一个标高后,软件会自动创建一个与此标高同名的平面视图。

图 8.6　创建平面视图

　　点击任一标高,会出现如图 8.7 中所示的"隐藏编号""锁定"按钮。

　　"隐藏编号":表示将该标高的名称进行隐藏,即如图 8.7 中,点击"隐藏编号"后,图中的"标高 2"名称将被隐藏。一般仅在标高高度密集区使用此功能,即多个标高文字重叠在一起,容易混淆不清,则可将次要的标高名称隐藏。

　　"锁定":点击"锁定"后,水平拖动一根标高的端点,其他与该端点对齐的标高将一起水平移动。如图 8.7 中,标高 1 和标高 2 中间的虚线表示标高 1 和标高 2 的端点是对齐的。锁定后,水平拖动标高 2 的该端点,标高 1 也会随之进行水平移动。

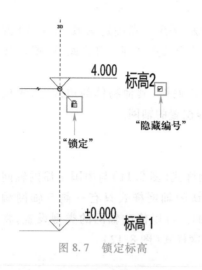

图 8.7　锁定标高

8.2　轴　网

8.2.1　轴网的绘制

轴网需在平面视图中绘制。

绘制方法:打开任一平面视图,点击"建筑"选项卡,然后点击"轴网",之后在绘图区域点击该轴网的起点,再移动光标到轴网的终点位置,点击鼠标,即可完成轴网的绘制,如图 8.8、视频 8.2 所示。

图 8.8　绘制轴网

视频 8.2 轴网绘制

轴网编号的修改:点击轴网上的数字(注意是圆圈内的数字),输入新的轴网编号,然后按回车键,即可修改该轴网的编号,如图 8.9 所示。也可以在轴网的属性中修改轴网编号。

8.2.2　不同形状轴网的绘制

虽然实际工程中常用的轴网是直线,但是也有的轴网是圆弧,甚至是曲线。Revit 软件提供了强大的轴网形状选择功能,用于绘制不同形状的轴网。

点击轴网绘制后,在 Revit 软件界面的顶部菜单会出现轴网的形状选择界面,见

图 8.10。Revit 软件绘制轴网的形状种类有：直线、圆弧、拾取线。

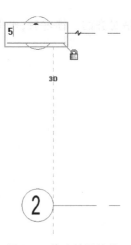

图 8.9　修改轴网编号

圆弧分为两种绘制方法：采用三点确定圆弧（图 8.10 方框中的第 2 个按钮）；采用两个端点和圆心确定圆弧（图 8.10 方框中的第 3 个按钮）。

拾取线：可以拾取 CAD 底图、其他物体的边线等，生成与拾取的线一样形状、一样位置的轴网。

8.2.3　轴网样式的设置

Revit 软件默认的轴网样式（图 8.11）与中国习惯的轴网样式是有区别的，比如默认的轴网样式只有一侧有轴网编号、轴网中间的线是断开的。可以修改轴网的类型设置，将轴网修改为中国习惯的轴网样式（图 8.12）。

图 8.10　轴网绘制的形状选择

操作方法：

（1）点击选择任一轴网，点击"属性"中的"编辑类型"；

（2）在"类型属性"界面中，将"轴线中段"的属性修改为"连续"（图 8.13）；

（3）勾选属性中的"平面视图轴号端点 1"和"平面视图轴号端点 2"。

最终效果是轴网的所有线都是连续的，起点和终点都是有编号的。

图 8.11　默认的轴网样式

8.2.4　多段轴网的绘制

实际工程中，有的轴网很特殊，可能不是一条直线，如图 8.14 所示轴网中自下而上的第三根横向轴网，左起是一条直线，而右侧为弧线。此时，如果按平常的习惯去创建轴网,就会创建出两个轴网(一个直线轴网,一个弧线的轴网),而且这两个轴网有不同的轴网编号,这与实际设计不符。此时需要绘制的是一根直线和一根弧线共同组成一条轴线,是一个轴网编号。这时,需要使用多段轴网的命令。

图 8.12　中国习惯的轴网样式

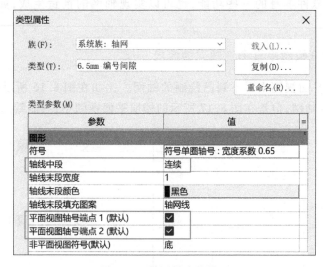

图 8.13　轴网样式的设置

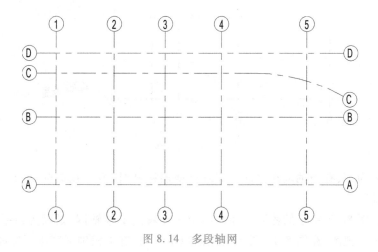

图 8.14　多段轴网

123

多段轴网的绘制方法：

点击"轴网"命令后，在主菜单选择"多段"（图 8.15），即可进行多段轴网的绘制。

进入多段轴网的绘制模式后，软件将一直处于多段轴网绘制功能状态，但系统不知道要绘制的轴网是 2 段，还是 3 段、4 段，因此，绘制完成后，要点击主菜单上的"✔"，明确告知系统，多段轴网已绘制完成，才可完成多段轴网的绘制。

图 8.15 多段轴网的绘制

8.2.5 批量生成轴网

目前，国内外的很多公司开发了大量 Revit 软件的插件，可以使用插件完成轴网的批量生成。

利用 Revit 软件本身的一些功能，也可以实现轴网的批量生成，如阵列、复制等功能。

8.2.6 部分视图中看不到轴网的情况

有时候，在平面视图中看不到已绘制的轴网。比如在图 8.16 所示的立面视图中可以看到有 4 根轴网，但是在图 8.17 所示的楼层平面视图中，只能看到 1 根轴网。

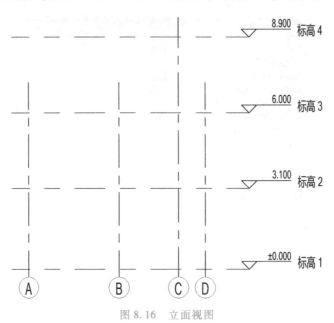

图 8.16 立面视图

这是因为，只有当轴网在立面上穿越该楼层标高时，方可在该标高的平面视图中看到这根轴网。

比如在图 8.17 所示的楼层平面视图中只能看到 1 根轴网，是因为该平面视图是标高 4 的平面视图，在图 8.16 所示的立面视图中，只有 1 根轴网穿越了标高 4，因此，在标高 4 的平面视图中,只能看到一根轴网。

解决方法如下:在立面视图中,拖动轴网的顶部端点,使其穿越标高 4,则在标高 4 的平面视图中即可看到所有轴网。

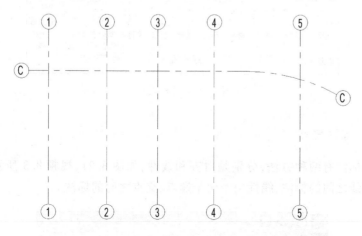

图 8.17 楼层平面视图

8.2.7 2D 轴网与 3D 轴网

Revit 软件默认均为 3D 轴网,但也可以点击图 8.18 中的"3D",将其改为 2D 轴网。

3D 轴网的功能是,对该轴线的修改将影响其他视图。

2D 轴网的功能是,对该轴线的修改仅影响本视图。

8.2.8 轴网的锁定

锁定:锁定轴网后,对该轴线的端点进行拖动,将同时影响其他与此端点对齐的轴网(图 8.19)。

解锁:解锁后,对轴网端点的拖动只会影响该轴网本身。

图 8.18 3D 轴网   图 8.19 锁定轴网

8.3 标 注

Revit 软件提供了强大的标注功能,可以标注尺寸、标高、角度、半径、直径、弧长、高程等,如图 8.20 所示。

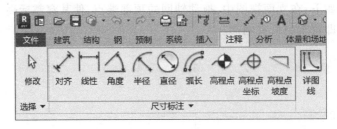

图 8.20　标注功能

8.3.1　标注尺寸

尺寸的标注有两种方法,分别是对齐和线性,如图 8.21、视频 8.3 所示。对齐用于两个平行线之间的标注;线性用于两个端点、交点之间的标注。

视频 8.3 尺寸标注

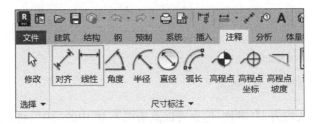

图 8.21　对齐和线性

对齐标注的操作方法如下:

(1)点击主菜单中的"注释"选项卡,然后点击"对齐"。

(2)分别点击两根轴网,如图 8.22 所示,先点击选择轴网 1,再点击选择轴网 2。

(3)将光标上移,确定放置标注尺寸的位置,点击鼠标左键,即可生成标注,如图 8.23 所示。注意,此时光标不能在两根轴网上。

(4)标注完成的效果如图 8.24 所示。

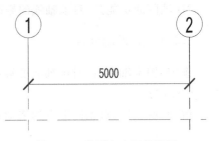

图 8.22　分别点击两根轴网

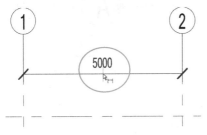

图 8.23　生成标注

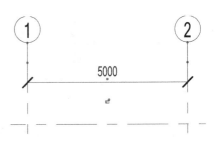

图 8.24　完成的标注

126

其他类型的标注,如"线性""角度"等,标注方法与"对齐"的操作类似。

8.3.2 连续标注

在 Revit 软件中,可以进行单个标注,也可以进行连续标注(视频 8.4)。

连续标注的操作方法为:

(1)点击主菜单中的"注释"选项卡,然后点击"对齐"。

(2)逐个点击图 8.25 中的 4 根轴网。

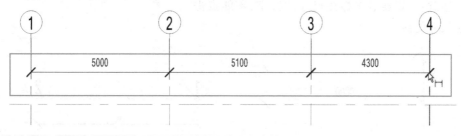

图 8.25 逐个点击轴网

(3)将光标移动到标注尺寸欲放置的位置,如图 8.26 所示。

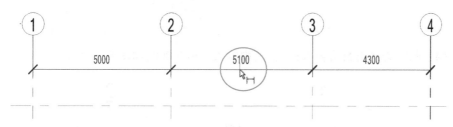

图 8.26 放置标注位置

(4)点击鼠标左键,即可完成连续标注。效果如图 8.27 所示。

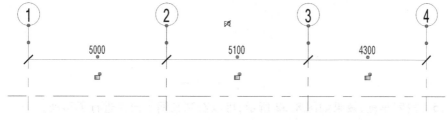

图 8.27 完成后的连续标注

视频 8.4 连续尺寸标注

8.3.3 通过修改标注来修改图元

通过修改标注可以修改物体的尺寸,也可以修改物体的间距。下面以轴网和墙为例进行介绍。

1. 修改轴网间距

以下要完成的操作是:向左移动轴网 1,使得轴网 1 和轴网 2 的间距变为 7 000 mm。

（1）首先对轴网 1 和轴网 2 进行尺寸标注，如图 8.28 所示。

（2）点击选择轴网 1，如图 8.29 所示。

注意：使用标注尺寸修改物体，应先选择要移动的物体，比如此例中的轴网 1，而不能先选中标注尺寸。这是初学者非常容易出错的地方。

（3）点击标注尺寸的数字，如图 8.30 所示。

注意：一定要点击标注尺寸的数字，不能点击标注尺寸的线。

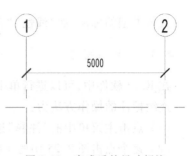

图 8.28　完成后的尺寸标注

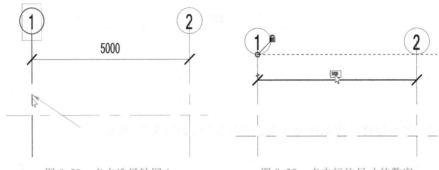

图 8.29　点击选择轴网 1　　　　图 8.30　点击标注尺寸的数字

（4）此时会弹出数值输入框，在其中输入新值 7 000，如图 8.31 所示。

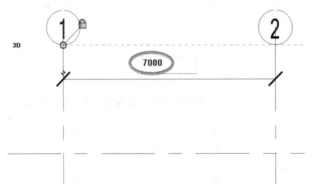

图 8.31　输入新值

（5）按回车键，效果如图 8.32 所示，可以看到轴网 1 向左进行了移动。

图 8.32　按回车键后的效果

（6）在其他任意空白位置点击鼠标左键,则效果如图 8.33 所示,可以看到轴网 1 和轴网 2 的距离变成了 7 000 mm。

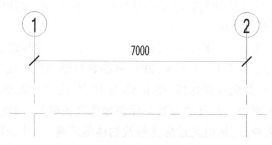

图 8.33　完成后的效果

2. 修改墙体长度

以下要完成的操作是:使用标注尺寸修改墙体的长度,即将图 8.34 中横向墙体的左端向左延伸,从而修改该墙体的长度。

（1）绘制墙体,并标注尺寸,如图 8.34 所示。

（2）点击选中横向的墙体。

（3）点击标注尺寸中的数字,如图 8.35 所示。

（4）输入新值 7 000,如图 8.36 所示,然后按回车键。

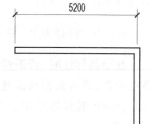

图 8.34　标注尺寸的墙体

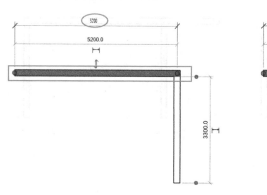

图 8.35　选中墙体标注尺寸的数字

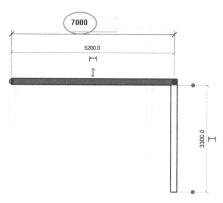

图 8.36　输入新值

（5）可以看到,墙体左端延长,墙体的长度变为 7 000 mm,如图 8.37 所示。

注意:墙体是向左端延长,而不是向右端延长,原因是右端有墙体,相当于右端位置被锁定了。

使用者在操作中会发现,点击墙体时会出现临时尺寸(如图 8.35 中下方的 5200.0),此时也可以对临时尺寸进行修改,能够达到同样的效果。但有时候,临时尺寸所标注的不是使用者想要的标注位置,所以要使用尺寸标注进行修改。

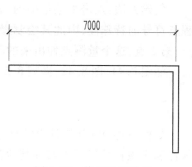

图 8.37　修改后的效果

8.3.4　标注必须有对应的实体

在 CAD 软件中，尺寸标注可以在空白处进行；但在 Revit 软件中，所有的尺寸标注必须有对应的实体，不允许在空白处标注。

如图 8.38 所示，在 Revit 软件中，可以对两段墙进行尺寸标注，但是不允许在空白的地方进行尺寸标注。这是因为，Revit 软件是参数化建模的（第 16 章专门介绍族的参数化问题）。所谓参数化建模是指，在 Revit 软件中，用户可以通过修改参数来修改物体的尺寸、形状、距离等。而尺寸参数与标注是相互关联的，因此，用户修改参数后，其关联的标注将随之修改，从而通过标注修改物体的距离、尺寸、形状等。

正因为 Revit 软件的参数化建模的功能要求，Revit 软件强制要求所有的标注尺寸必须有实体与其对应。

8.3.5　修改起点、终点

在绘制标注时，若需修改标注的起点、终点，只需在绘制过程中第二次点击起点、终点位置，即可撤销前面选择的起点、终点，重新选择起点、终点进行绘制。第二次点击时，Revit 软件界面中会出现蓝色虚线，表示进入了重新绘制起点、终点模式，如图 8.39 所示。

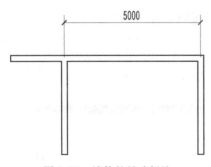

图 8.38　墙体的尺寸标注

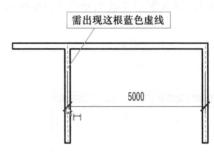

图 8.39　重新选择起点、终点

8.3.6　高程点

Revit 软件中高程点的高度是自动量测的。

创建方法：点击主菜单中的"注释"选项卡，再点击"高程点"（图 8.40）。由于高程点符号的特殊性，因此其绘制操作需要依次点击 3 个点：第 1 点，要量测高程的那个点；第 2 点，这个量测点伸出来的斜线的终点；第 3 点，横线上面三角形的点所在的位置。如图 8.41、图 8.42、视频 8.5 所示。

视频 8.5 高程点的标注

8.3.7　均分

如前所述，Revit 软件中的标注是要对应实体的。除了参数化建模的要求外，Revit 软件利用该特性还可以实现其他强大的功能，比如均分功能。均分功能是利用标注尺寸，实现物体的均分操作。如图 8.43 中三面墙之间的距离是不相同的，而用户可以通过连续标注里的均分操作,使这三面墙的间距自动调整为相同。

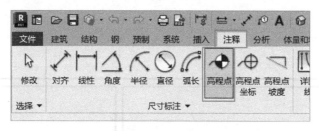

图 8.40 高程点按钮

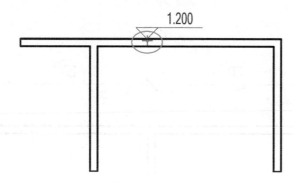

图 8.41 高程点

均分的作用:使连续标注的各个尺寸保持相等。

操作方法:

(1)进行三面墙的连续标注。注意:必须使用连续标注。

(2)点击标注尺寸。

(3)点击标注尺寸上的"EQ"标志(图 8.43),即可将三面墙进行均分,此时标志变为"EQ"(图 8.44)。

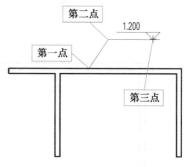

图 8.42 高程点绘制流程

8.3.8 标注的锁定

以图 8.45 所示墙体为例,点击尺寸标注,即出现锁定符号,点击该符号将其锁定后(图 8.46),该标注所注明的物体距离将保持不变,此时两面墙之间的距离将一直保持为 5 200 mm。

锁定后,移动右边这面墙,会发现左边的墙也会跟着移动。无论如何移动,两面墙的距离是不变的,即二者的距离是锁定的(图 8.47)。

8.3.9 临时尺寸变为永久尺寸

点击任一物体,界面中会弹出与其相关的临时尺寸,以帮助用户查看相关尺寸的具体数值。此时可以直接将该临时尺寸改变为永久尺寸。

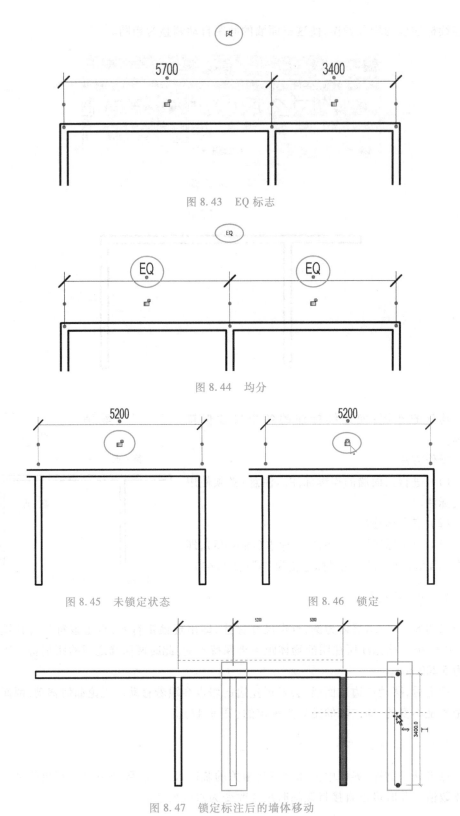

图 8.43　EQ 标志

图 8.44　均分

图 8.45　未锁定状态　　　　　　　图 8.46　锁定

图 8.47　锁定标注后的墙体移动

操作方法为：如图 8.48 所示，点击该墙体，则会出现墙体长度的临时尺寸，点击临时尺寸下的尺寸标注符号（图 8.48a），则该临时尺寸将变为永久尺寸（图 8.48b）。

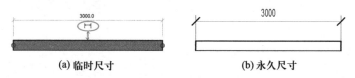

(a) 临时尺寸   (b) 永久尺寸

图 8.48　临时尺寸变为永久尺寸

第 **9** 章 墙与门窗

9.1 墙

9.1.1 墙的创建

点击"建筑"选项卡,再点击"墙"(图9.1),然后在墙的属性中,选择所需要的墙体的族类型(图9.2),再在绘图区域点击墙的起点,之后在墙的终点位置点击,即可绘制一段墙体(视频9.1)。

视频 9.1 墙的创建

墙体有多种平面形状,因此 Revit 软件也提供了绘制各种形状墙体的工具。点击"墙"按钮后,在主菜单中即可选择绘制形状类别(图9.3),主要有直线、矩形、圆弧、拾取线、拾取面等。其中拾取线可以拾取 CAD 底图中的墙线,或者其他物体的边界线等;拾取面可以拾取体量面或常规模型的面来创建墙。

图 9.1 墙的功能菜单

9.1.2 新建墙族类型

Revit 软件中默认的墙体类型不多,不能满足实际工程需求。因此,用户需要创建新的墙族类型。

不同的墙族类型不仅可以区分不同厚度的墙,还可以区分不同材质的墙。CAD软件中的墙一般仅仅表示墙的结构厚度,而 Revit 软件中的墙既可以包含墙的结构层,又可以包含墙两面的装饰层、找平层等。这些层的设定,均可以在墙的族类型中进行定义。

下面介绍新建墙族类型的操作方法。

(1)在主菜单中点击"建筑"选项卡,再点击"墙"。

(2)在属性栏的类型属性窗口中,点击族类型右边的三角形符号,见图9.2a,即出现当前已有的墙的族类型,见图9.2b。此例选择"常规-200 mm"。

(3)在属性栏中,点击"编辑类型"(图9.4),即进入族类型的编辑与新建界面。

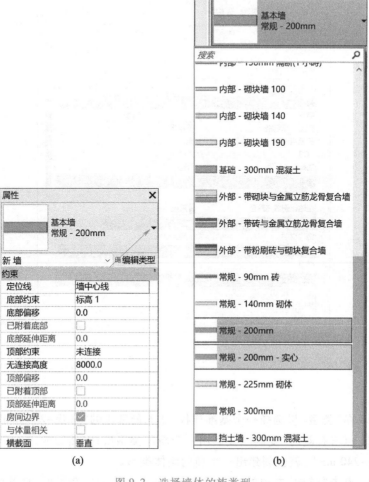

(a)   (b)

图 9.2   选择墙体的族类型

图 9.3   墙的绘制形状类别

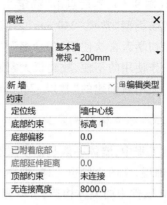

图 9.4   "编辑类型"按钮

视频 9.2 新
建墙体类型

（4）图 9.5 是新建墙体类型的界面。新建墙体类型包括以下几个步骤（视频
9.2）。

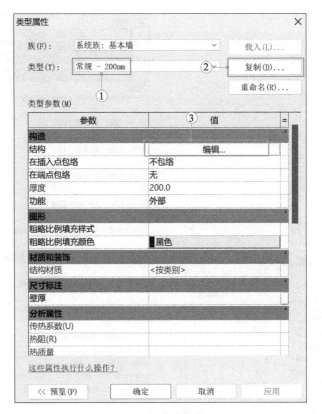

图 9.5　新建墙体类型

第一步,在"类型"里选择一个基准样板,比如最常用的"常规–200 mm"样板。

第二步,点击右侧的"复制",复制出一个新的类型属性,然后输入一个新的名称,比如"常规–240 mm",就会创建出一个新的墙体类型。

第三步,点击"结构"右边的"编辑"按钮,进入墙体的构造界面,将其中的厚度修改为 240(图 9.6),然后点击"确定",回到图 9.5 所示界面,再点击"确定",即可创建完成新的墙类型"常规–240 mm",且该墙体的厚度为 240 mm。

很多初学者喜欢使用"重命名"功能,但此功能会将系统已有的族类型重命名,这会带来操作使用的不便,故建议大家通过"复制"功能创建新的族类型。

(5)使用新创建的"常规–240 mm"墙族类型,即可绘制厚度为 240 mm 的墙体。

9.1.3　墙体构造的定义

实际工程中,墙体一般是由多层组成的。如一面墙中间是砖墙,墙的外侧包含找平层、装饰层,墙的内侧也一样,即墙至少包含 3 ~ 5 层。

Revit 软件中的墙体构造,可以完全定义为与真实工程墙体一致的多层构造,即分别定义墙的各层,定义各层的材质、厚度(视频 9.3)。

在新建墙体类型的界面点击"编辑"后,即出现图 9.7 所示编辑部件的界面,该界面即为定义墙体各层构造的界面。

视频 9.3 墙
体构造

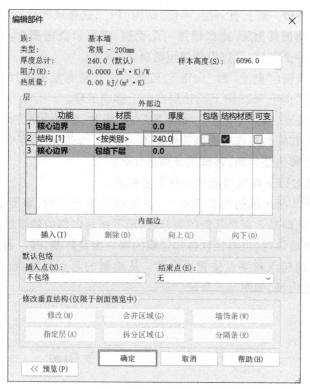

图 9.6　修改墙体厚度

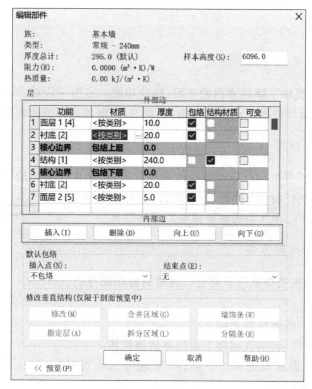

图 9.7　编辑部件

默认的墙体类型一般只有一层,叫作"结构[1]",这是墙的核心层部分(比如砖或混凝土),如果想增加其他层,比如增加一个面层,则可以点击图 9.7 中间区域的"插入"按钮,会插入一个新层,可以设置该层的材质、厚度。

右边的两个按钮("向上"和"向下")可以用来调整每层的顺序,操作方法为:选中一层,然后点击"向上"或"向下",该层即会上移或下移。

操作中需要注意,墙体中的"层"是有顺序的,同时,墙的绘制方向也是有顺序的。

一般的外墙,其外侧装修和内侧装修是不一样的,因此,在操作中需要让软件知道墙的哪边是外侧,哪边是内侧,其材质分别是什么。

Revit 软件通过以下两项功能来实现上述要求。

首先,在图 9.7 所示墙的构造界面中,墙的层是有顺序的:该界面中的层自上而下,表示由外至内,即最上面是外侧的装修层,最下面是内侧的装修层。

其次,在绘制墙体时,也要让软件知道墙的哪一面是外侧,哪一面是内侧。这个是通过绘制墙体时的起点和终点位置决定的。从绘制的起点到终点,左手边是墙的外侧,右手边是墙的内侧,如图 9.8 所示。

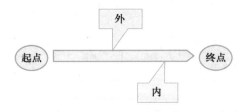

图 9.8　墙内外面的区分

9.1.4　墙体内外方向的修改

Revit 软件也提供了墙体方向的查看、修改功能。点击一段墙,墙体旁边的双箭头所在的一侧表示墙体外面。点击此双箭头(图 9.9)即可进行墙体内外方向的修改。

9.1.5　墙体材质

在"编辑部件"界面可以选择或修改墙体材质,包括定义墙体的某层为砖、混凝土等。点击图 9.10 中"材质"栏的"…"按钮,会弹出材质浏览器界面(图 9.11),在其中选择所需要的材质即可。

9.1.6　墙常用属性条

创建墙体时,在主菜单的下面会出现墙的常用属性条,如图 9.12 所示。

常用属性条中各属性含义如下。

(1)高度、深度:分别表示向上或向下延伸墙体。

(2)未连接:设置墙的高度。点击"未连接",也可以选择墙所在的基准标高。

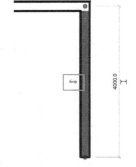

图 9.9　墙体方向的双箭头

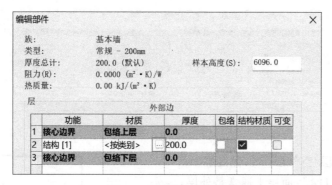

图 9.10 编辑材质按钮

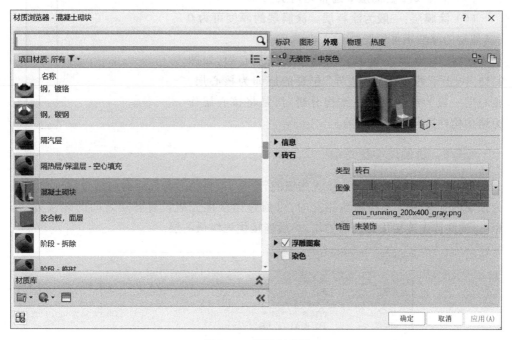

图 9.11 材质浏览器

（3）定位线：可以设置点击点为墙的中心线或墙的边线。

（4）链：墙体会自动连接。后期可右键点击墙体端点，选择"允许连接"或"不允许连接"，进行墙体是否连接的修改，见图 9.13。

（5）偏移：设置水平方向的偏移量。

（6）半径：表示两面直墙连接处为圆弧。

9.1.7 各层墙体的功能

在墙的"编辑部件"界面，可进行每层的功能设定，用于设定各层的性质（图 9.14）。各层的功能含义有所不同。

（1）结构［1］：通常指结构层，如混凝土墙、砖墙等。

（2）衬底［2］：找平层。

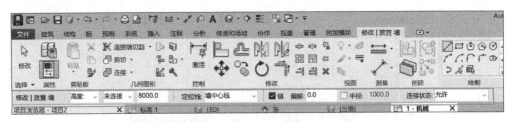

图 9.12 墙的常用属性条

（3）保温层/空气层[3]：保温层。

（4）面层 1[4]：面层 1 通常是外层。

（5）面层 2[5]：面层 2 通常是内层。

（6）涂膜层：一般为涂料层。涂膜层的厚度可为 0（其他层的厚度不可设置为 0）。

同时，Revit 软件可以定义哪些层是核心层，如图 9.15 中，上下两个"核心边界"包裹的层即为核心层。核心层一般为结构层。在结构分析时，是将核心层作为结构构件进行受力分析的。

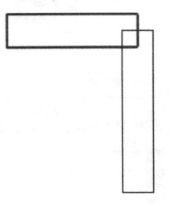

图 9.13 "不允许连接"的墙体

9.1.8 层的连接优先级

Revit 软件中的层是有连接优先级的，图 9.14 中各层名称后面中括号内的数字即为该层的优先级。当两堵墙相交时，可通过连接优先级设置各层之间的连接方式。Revit 软件首先连接优先级高的层，然后连接优先级低的层。

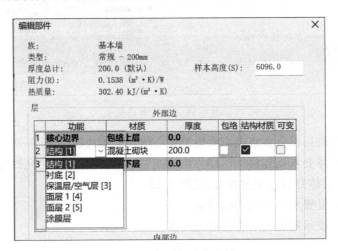

图 9.14 各层的功能选择

如图 9.16 所示，水平墙优先级 1 的层会穿过所有层，到达垂直墙优先级 1 的层。墙"核心边界"内的层，可穿过连接墙核心外的优先级较高的层，即使核心层被设置为优先级 5，核心中的层也可延伸到连接墙的核心。核心内优先级较低的层可穿过核心外优先级较高的层。

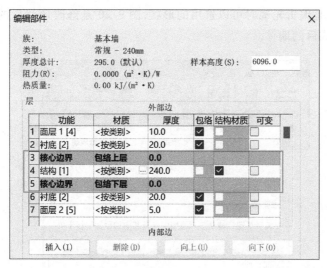

图 9.15 "核心边界"定义核心层

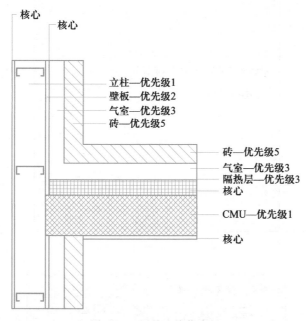

图 9.16 层的连接优先级

9.1.9 墙的轮廓编辑

墙体竖向的形状,可以通过墙的轮廓编辑功能进行修改。

(1)选择要修改的墙图元,点击"编辑轮廓",如图 9.17 所示。

(2)弹出对话框,要求选择合适的视图,见图 9.18。轮廓编辑功能是修改墙体的竖向形状,因此只能在立面视图修改,不能在平面视图进行修改。

(3)立面视图会显示出墙的轮廓线,此时可修改墙的轮廓线,从而创建任意形状的墙。图 9.19 是编辑轮廓时可以选用的形状,图 9.20 是修改形状后的轮廓,图 9.21 是轮廓编辑完成后的墙体。

图 9.17　"编辑轮廓"按钮

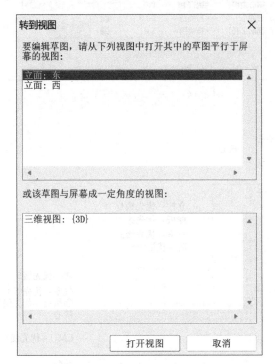

图 9.18　选择合适的视图

图 9.19　可选用的墙体形状

9.1.10　叠层墙

叠层墙是指高度方向结构构造不一样的墙体,如图 9.22 中的墙。Revit 软件中的叠层墙是由两个或多个子墙类型组成的。

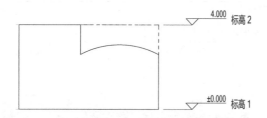

图 9.20 编辑轮廓

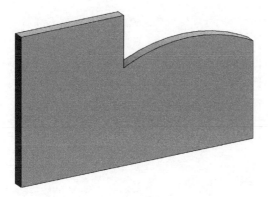

图 9.21 轮廓编辑完成后的墙体

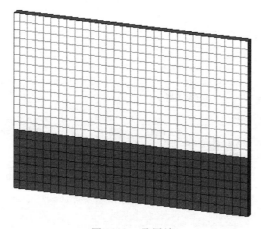

图 9.22 叠层墙

创建叠层墙的方法如下：

（1）使用前述的新建墙类型,定义两个不同结构构造的子墙类型。

（2）定义叠层墙,定义时注意在族中应选择"系统族:叠层墙"（图 9.23）。

（3）在叠层墙的类型属性中,点击"结构"旁的"编辑"按钮。

（4）在编辑界面的"名称"中,分别选择第一步创建的子墙类型,然后设定每一种子墙类型的高度,如图 9.24 所示。

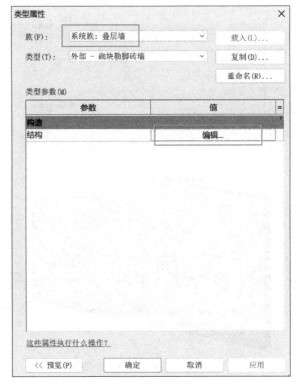

图 9.23　"编辑"按钮

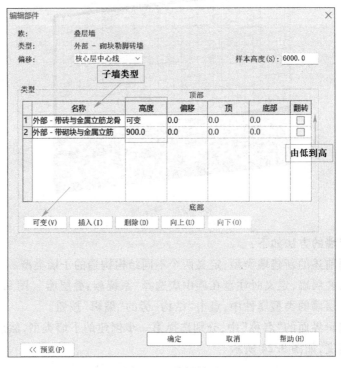

图 9.24　编辑界面

操作中应注意：

（1）只能有 1 个子墙类型的高度是"可变"。"可变"表示该子墙类型的高度等于墙的总高度减去其他子墙类型的高度，所以是随着墙的高度变化而变化的。

（2）子墙类型中，由下至上表示叠层墙由低至高的子墙类型和高度。

9.1.11 墙的附着与分离

有时候墙上的屋顶、楼板是斜面或曲面，那么创建的墙也要随屋顶和楼板进行形状变化，从而始终与屋顶、楼板完全贴附（图 9.25），这就需要通过墙的"附着"和"分离"功能来实现。

附着：墙的顶部或底部与楼板、参照平面等始终保持同一形状与高度。

分离：解除墙的附着状态。

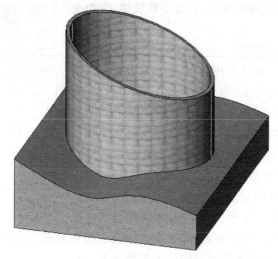

图 9.25 墙附着后的效果

操作方法：

选中要修改的墙图元，然后选择"附着 顶部/底部"（图 9.26），再在中间常用属性条中选择"顶部"或"底部"（图 9.27），最后点击要附着的基体图元，如楼板、屋顶。

图 9.26 "附着 顶部/底部"和"分离 顶部/底部"按钮

9.1.12 建筑墙与结构墙的区别

Revit 软件中的墙体分为建筑墙和结构墙，即图 9.28 中的"墙：建筑"和"墙：结构"。建筑墙指装饰墙、围护墙等；结构墙指参与结构受力的墙，如剪力墙。二者在应用中是有区别的。

图 9.27　选择"顶部"或"底部"

图 9.28　建筑墙和结构墙

1. 与梁柱相交时的区别

建筑墙：与梁、柱相交时，不会剪切梁、柱。

结构墙：与梁、柱相交时，将剪切梁、柱。

如图 9.29 的三维视图所示，右边是建筑墙，左边是结构墙。

2. 常用属性栏的区别

建筑墙、建筑柱：默认常用属性栏中为高度。高度指从当前标高向上的尺寸（图 9.30）。

结构墙、结构柱：默认常用属性栏中为深度。深度指从当前标高向下的尺寸。

3. 在建筑规程与结构规程中的显示区别

Revit 软件中的视图是可以设置规程属性的，如图 9.31 所示，可以将视图设置为建筑规程或结构规程。建筑规程相当于建筑施工图，结构规程相当于结构施工图，因此，将视图设置为建筑规程，即表示当前视图按建筑施工图的要求显示；而设置为结构规程，即表示当前视图按结构施工图的要求显示。

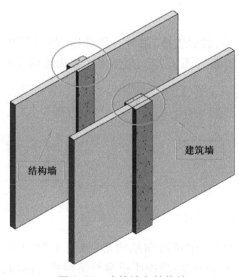

图 9.29　建筑墙和结构墙

图 9.30 深度、高度

图 9.31 结构平面、楼层平面

在建筑施工图中,不仅显示建筑的围护墙、装饰柱等,还要显示结构的剪力墙、框架柱;而在结构施工图中,仅显示剪力墙、框架柱等结构构件,建筑的围护墙、装饰柱等是不显示的。因此,建筑墙、建筑柱和结构墙、结构柱在建筑规程和结构规程中的显示是不一样的。

建筑墙、建筑柱:在结构规程中不可见。

结构墙、结构柱:在结构规程中可见。

如图 9.32 所示,建筑规程中可以看到所有的墙体,而在图 9.33 所示的结构规程中,部分墙体是看不到的,因为这些墙体是建筑墙。这个设置与实际工程的建筑施工图、结构施工图中的显示是一样的。

结构墙与建筑墙的类别修改方法:点击墙,在"属性"中勾选或不勾选"结构"(图9.34),即可设定当前墙是属于结构墙还是属于建筑墙。

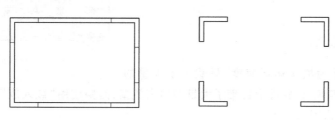

图 9.32 建筑规程中的墙体 图 9.33 结构规程中的墙体

图 9.34　结构墙与建筑墙的类别的转换

9.2　门　　窗

9.2.1　门窗的创建

选择"建筑"选项卡中的"门""窗"命令(图 9.35),即可创建门和窗,见图 9.36、视频 9.4。门窗只能放置到墙体上,不能单独放置。

9.2.2　门窗类型选择

在"属性"窗口可以选择不同的门窗类型(图 9.37)。

视频 9.4 门窗的创建

图 9.35　门、窗命令按钮

9.2.3　载入族

Revit 软件为加快运行速度,只载入了少量的门窗,但是其实 Revit 软件中自带了大量的门窗类型,需要使用"载入族"命令,将需要的门窗类型载入到当前项目。

可点击"插入"选项卡,选择"载入族"命令(图 9.38),然后选择"建筑"→"门"或者"窗"(图 9.39、图 9.40),依次点击下层文件夹,直至出现门窗族文件(图 9.41),选择需要的门窗族,点击该族文件,再点击"打开",进行载入。

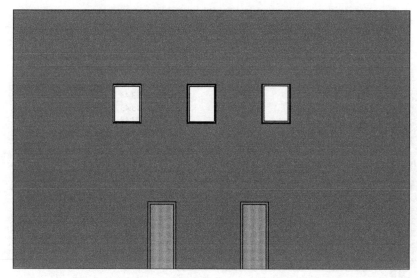

图 9.36 门、窗布置效果

9.2.4 修改门窗位置、底高度

选中门窗(图 9.42),点击出现的临时标注尺寸中的数字,输入新值(图 9.43a),即可修改门窗的水平位置(图 9.43b)。也可直接拖动门窗,进行门窗位置的修改。

可以在门窗属性的"底高度"中修改窗的底部高度;在"标高"属性中,修改窗所在的基准标高。如图9.44 所示。

图 9.37 选择门类型

图 9.38 载入族按钮

9.2.5 门窗标记

Revit 软件可以为每扇门窗放置门窗的编号。

放置门窗时,点击"在放置时进行标记"(图 9.45),然后进行门窗放置,即可在放置门窗的同时放置门窗的编号,如图 9.46 所示。

门窗的编号可以在该门窗的"类型标记"中进行定义或修改,如图 9.47 所示。

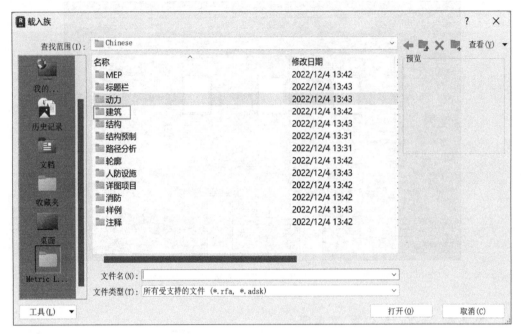

图 9.39　建筑相关族

图 9.40　门窗族的位置

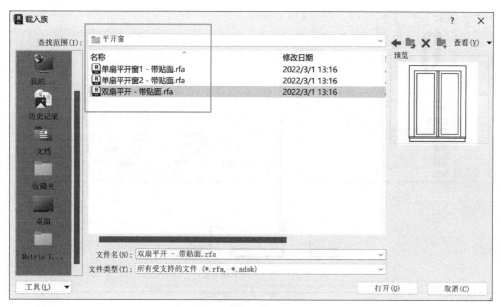

图 9.41 选择门窗族

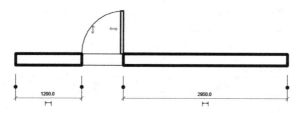

图 9.42 修改前门的位置

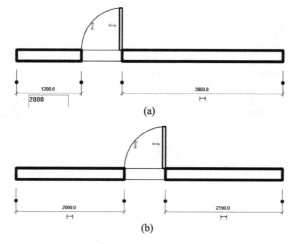

图 9.43 修改后门的位置

图 9.44 修改高度

图 9.45 标记按钮

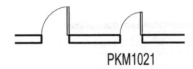

图 9.46 标记效果图

图 9.47 类型标记修改

第 **10** 章　楼板与屋顶

10.1　楼　　板

10.1.1　楼板的类别

Revit 软件中的楼板分为建筑楼板和结构楼板,如图 10.1 所示,其区别是:结构楼板可布置钢筋,并可进行受力分析,而建筑楼板不能。

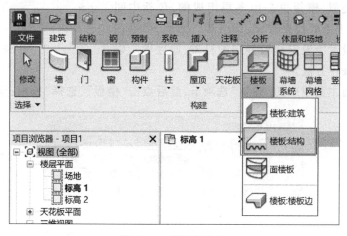

图 10.1　楼板的分类

10.1.2　楼板的创建

(1)点击主菜单中的"建筑"选项卡,然后点击"楼板",选择"楼板:建筑",如图 10.2 所示。

(2)在属性栏选择楼板类型,比如选择"常规-150 mm",如图 10.3 所示。

(3)进入楼板绘制状态。在主菜单的"绘制"选项中,选择需要的线条形状,即直线、圆弧、拾取线等(图 10.4),然后在绘图区域点击楼板的各个边界点,进行边界的绘制。注意:楼板的边界线必须是封闭的。

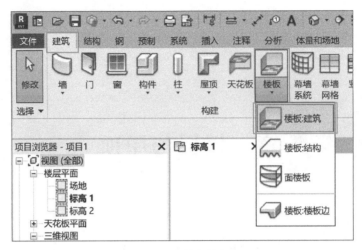

图 10.2 楼板按钮

（4）绘制完成后，点击"模式"中的" ✔ "（图10.5），即可完成楼板的绘制。

10.1.3 楼板的构造设置

与墙体类似，楼板也是由多层组成的，包括中间的混凝土层、上下的找平层、装饰层等。因此，可以在楼板的构造设置中设定楼板各层的材质、厚度等。以下介绍具体操作方法。

图 10.3 楼板类型选择

（1）点击主菜单中的"建筑"选项卡，然后点击"楼板"，选择"楼板：建筑"。

图 10.4 楼板绘制方式

图 10.5 楼板绘制完成

（2）在属性栏中，先选择一个族类型作为样板，比如选择"常规 – 150 mm"（图10.6）。

（3）点击"编辑类型"按钮（图10.6）。

（4）在弹出的类型属性对话框中,复制生成一个新的楼板类型,并输入新的楼板类型名称（图10.7）。

（5）点击"结构"旁边的"编辑"按钮（图10.8）,进入"编辑部件"界面。

（6）在"编辑部件"界面,增加或者修改楼板的层,并设定各层的材质、厚度,如图10.9所示。

注意:"编辑部件"界面的各层同样是有顺序的,即表示从上到下的楼板各层。

（7）点击"确定"按钮,即可完成新的楼板类型的创建（视频10.1）。

图 10.6　选择族类型和"编辑类型"按钮

视频 10.1 楼板的创建

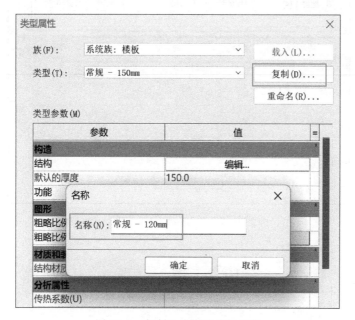

图 10.7　复制生成新的楼板类型

图 10.8　"编辑"按钮

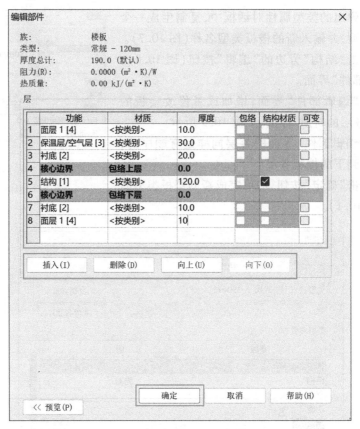

图 10.9　"编辑部件"界面

10.2　屋　　顶

10.2.1　屋顶的分类

Revit 软件中的屋顶包括迹线屋顶、拉伸屋顶、面屋顶,如图 10.10 所示。

各种屋顶的区别如下:

(1)迹线屋顶。通过定义屋顶的边界、屋脊线、交界线、屋顶坡度而形成的屋顶,一般用于坡屋顶、平屋顶的创建,如图 10.11 所示。

(2)拉伸屋顶。定义一个横截面形状,然后通过拉伸形成屋顶,可用于如图 10.11 所示的拱形屋顶创建。

(3)面屋顶。使用体量族定义的屋顶。

10.2.2　迹线屋顶的创建

(1)选择"建筑"选项卡,再点击"屋顶",然后选择"迹线屋顶",如图 10.12 所示。

(2)进入迹线屋顶操作界面,如图 10.13 所示。

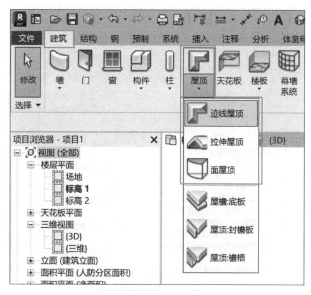

图 10.10 屋顶分类

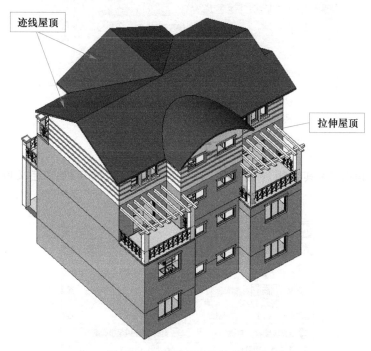

图 10.11 迹线屋顶和拉伸屋顶

（3）绘制迹线屋顶的轮廓线。与之前讲述的楼板相同,屋顶也是由一个轮廓组成的,所以要求绘制的线段是封闭的。绘制轮廓线同样可以选择线的类别,如图 10.13 所示。

（4）同楼板操作一样,绘制完成之后,点击"✔",即可完成屋顶绘制。操作过程参见视频 10.2。

图 10.12　迹线屋顶按钮

视频 10.2 迹
线屋顶的创
建

图 10.13　迹线屋顶轮廓线的绘制界面

10.2.3　定义坡度属性

绘制屋顶时,在其常用属性条中,有一个非常重要的属性:"定义坡度",如图 10.14 所示。

图 10.14　定义坡度属性

勾选与不勾选"定义坡度",所形成的屋顶有很大的区别。

(1) 不勾选"定义坡度":创建的楼板具有"修改子图元"功能,可通过调整边界线、分割线的高度调整屋顶的坡度,一般用于平屋顶的绘制。

(2) 勾选"定义坡度":创建的楼板没有"修改子图元"功能,可设定每条边界线的坡度,一般用于坡屋顶的绘制。

如果不勾选"定义坡度",那么在选择该屋顶时,其界面如图10.15所示,可以"添加点",可以"添加分割线",也可以"拾取支座"。

如果勾选了"定义坡度",其界面如图10.16所示,只有"编辑迹线"功能。

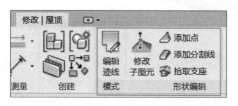 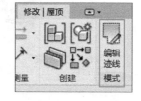

图10.15 不勾选"定义坡度"操作界面　　图10.16 勾选"定义坡度"操作界面

这样的差别与这两种坡度所对应的屋顶类别有关。一般情况下,如果创建平屋顶,则不勾选"定义坡度";如果要创建坡屋顶,则勾选"定义坡度"。

工程中的平屋顶还是有一定坡度的,用于解决屋顶排水问题,所以需要使用"添加点""添加分割线"功能,在平屋顶上创建排水坡度与各坡度的边界线、屋脊线。但坡屋顶的坡度可以直接使用"定义坡度"形成,不需要另外增加这些边界线。

以下是同一个屋顶勾选和不勾选"定义坡度"绘制出的效果:如果整个屋顶都不勾选"定义坡度",形成的是一个没有任何坡度的平屋顶,如图10.17所示;如果整个屋顶都勾选"定义坡度",会形成一个四边都有坡度的坡屋顶,如图10.18所示。

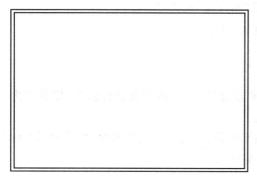 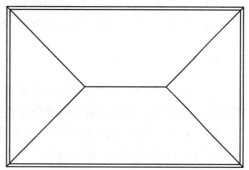
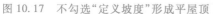

图10.17 不勾选"定义坡度"形成平屋顶　　图10.18 勾选"定义坡度"形成坡屋顶

关于"定义坡度",还需要强调的是:每条边界线都可以单独设定是否有坡度。例如,屋顶有四条边,用户可以单独设定一条边不勾选"定义坡度",则效果如图10.19所示,可以看到只有一边屋顶没有坡度的效果。也就是说,"定义坡度"界定的是该条边界线是否有坡度,并不界定整个屋顶是否有坡度。

10.2.4 平屋顶的创建

(1)点击"建筑"选项卡,再点击"屋顶",然后选择"迹线屋顶"。

(2)在常用属性条中,不勾选"定义坡度",如图10.20所示。

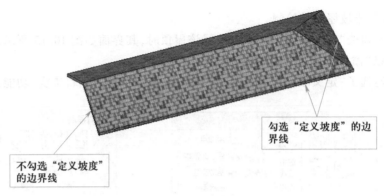

图 10.19　不同"定义坡度"的屋顶

图 10.20　不勾选"定义坡度"

视频 10.3 平
屋顶的创建

（3）绘制屋顶边界,可使用"绘制线"或"拾取墙"的方法。

（4）点击"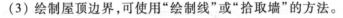",完成平屋顶的创建(视频 10.3)。

10.2.5　平屋顶的坡度设定

前面提到,实际工程中,平屋顶是有排水坡度的,所以需对其进行修改,使其产生需要的排水坡度。下面介绍具体操作方法。

（1）创建一个平屋顶,然后点击选中该平屋顶,进入修改屋顶界面,如图 10.21 所示。该界面包括两部分:"编辑迹线""形状编辑"。

图 10.21　平屋顶修改操作界面

（2）"编辑迹线"的作用是重新编辑屋顶的边界线,对绘制的屋顶边界线进行更改;"形状编辑"则用来添加"屋脊线""排水坡度"等。

点击"编辑迹线"后,会出现图 10.22 所示的界面,其中主要包含几部分:边界线、坡度箭头、绘制样式选择。

图 10.22　"编辑迹线"界面

（3）点击"边界线"后，即可选择右边的绘制样式，重新绘制屋顶的边界线。

（4）"坡度箭头"功能用于设置排水坡度，如图 10.23 所示。

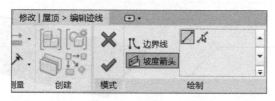

图 10.23　坡度箭头

点击"坡度箭头"，然后在屋顶的一条边界线上点击，作为坡度的起点，再在对面的另一条边界线上点击，作为坡度的终点，此时，图中会出现一个箭头，用来表示坡度，如图 10.24 所示。

在属性栏可设置坡度大小：将"指定"设置为"坡度"，将"坡度"值设置为 10°（图 10.25）。

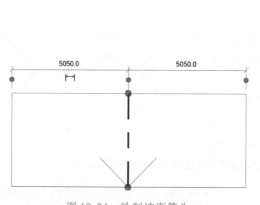

图 10.24　绘制坡度箭头

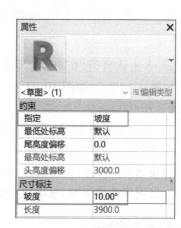

图 10.25　设置坡度

（5）最后，点击"✔"完成对屋顶的修改，效果如图 10.26 所示，可以看到该屋顶成为坡度为 10°的屋顶。

10.2.6　屋脊线的绘制

可以使用"添加分割线"来绘制屋

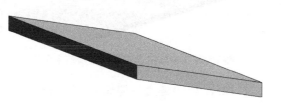

图 10.26　修改坡度的屋顶效果

脊线,如图 10.27 所示。

点击"添加分割线",在屋顶的中间绘制屋脊线(图 10.28a),但是此时屋顶仍然是平的,如图 10.28b 所示。

以下是升高屋脊线的操作方法:

(1)选择"修改子图元"(图 10.29),之

图 10.27 添加分割线

后点击选择屋脊线,屋脊线旁边会出现一个"0",如图 10.30 所示。"0"表示该条线和原来的屋顶之间的高差为 0。

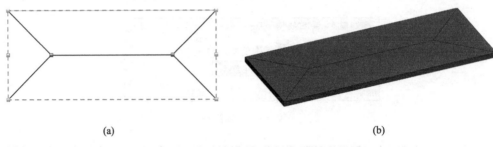

(a)   (b)

图 10.28 仅点击"添加分割线"形成的屋顶

图 10.29 修改子图元

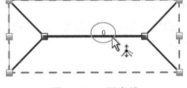

图 10.30 屋脊线

(2)点击该数值"0",然后重新输入一个高度,比如输入"400",如图 10.31 所示,表示使该屋脊线上升 400 mm。

(3)最终形成图 10.32 所示的效果。

除此以外,如图 10.33 所示,还可通过"添加点"的功能来添加一些特殊的点,例如两条线的交点;当发现修改错误时,可通过"重设形状"恢复到原来屋顶的样子。

图 10.32 编辑屋脊线后的屋顶效果图

图 10.33 "添加点"和"重设形状"

10.2.7 "修改子图元"与"可变"属性的关系

"修改子图元"的抬高值:如果屋顶材质中的某个构造成分的厚度是"可变"的,则

表示该抬高值是由该成分的不同高差所形成的,如找坡层。

图 10.34 所示是屋顶各层的设定,这里和楼板的分层是一样的,可以添加平屋顶的各层,并设置其材质与厚度。但是,与楼板分层的区别在于,屋顶的各层可以设置"可变"属性。如果屋顶的各层中,有一层勾选了"可变",则表示如果修改了子图元,比如说抬高"200",那么这个"200"是由屋顶各层中勾选了"可变"的这层形成的,即该层的厚度发生变化,从而形成修改子图元后所抬高的高度差值,这就是抬高值和屋顶各层"可变"属性的关系。

如此,通过该"可变"属性,用户就可以实现实际工程的找坡层厚度变化效果,从而形成屋顶的坡度。

10.2.8 坡屋顶的创建

(1) 点击"建筑"选项卡,再点击"屋顶",然后选择"迹线屋顶"。

(2) 勾选"定义坡度"。

(3) 绘制屋顶边界,此时各边界均默认有 30°坡度,且会显示坡度符号,效果如图 10.35 所示。操作过程参见视频 10.4。

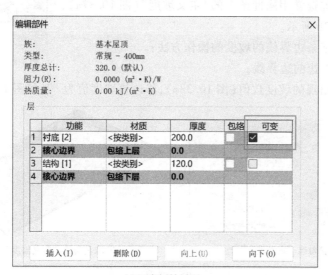

(a) 可变属性界面

(b) 屋顶坡度

图 10.34 屋顶"编辑部件"界面的可变属性

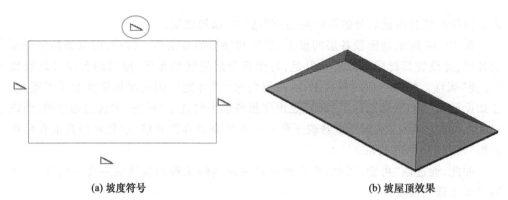

(a) 坡度符号   (b) 坡屋顶效果

图 10.35　绘制屋顶边界及坡屋顶效果

10.2.9　坡屋顶的修改操作

（1）选中屋顶图元,点击"编辑迹线",如图 10.36 所示。

（2）将某条边界线的"定义坡度"取消的操作方法:

（a）选中右边的边界线;

（b）取消勾选常用属性条上的"定义坡度"（图 10.37a）,

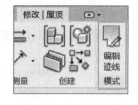

效果如图 10.37b 所示。

（3）修改某条边界线的坡度的操作方法:

（a）选中上边的边界线;

图 10.36　编辑迹线

（b）点击出现的坡度数值（图 10.38a）,修改该坡度值为 60,如图 10.38b 所示。

(a) 取消勾选"定义坡度"   (b) 取消勾选"定义坡度"后的效果

图 10.37　取消勾选"定义坡度"

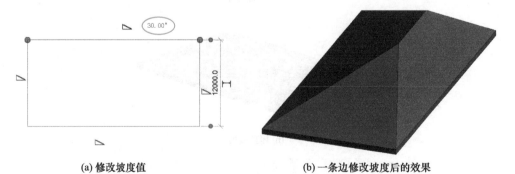

(a) 修改坡度值   (b) 一条边修改坡度后的效果

图 10.38　修改坡度操作及效果

10.2.10 屋顶标高与楼板标高的区别

楼板的标高指板顶标高,屋顶的标高指板底标高。

如图 10.39 所示,左边是屋顶,右边是楼板,它们的标高都是标高 2,可以看到其高度是不同的。

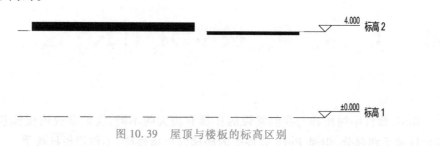

图 10.39 屋顶与楼板的标高区别

第 11 章 楼梯与栏杆扶手

Revit 软件中的楼梯与我们常说的楼梯有很大的不同,我们常说的楼梯包括楼梯和栏杆扶手两部分,但是 Revit 软件中的楼梯仅仅指楼梯,不包括栏杆扶手。

在 Revit 软件中,"楼梯"和"栏杆扶手"是两个完全独立的事物,是两个完全独立的族。因此,在 Revit 软件中创建我们常说的楼梯,需要分别创建楼梯和栏杆扶手。这一点是初学者容易混淆的地方。大家要理解这个特点,才能更好地理解与学习本章内容。

11.1 楼　　梯

11.1.1 楼梯的形状

在 Revit 软件中可以非常方便地创建出不同形状的楼梯,例如螺旋楼梯、双跑楼梯、L 形楼梯、U 形楼梯等,如图 11.1 所示。

11.1.2 楼梯的类型

Revit 软件中的楼梯包含三种类型:组合楼梯、现场浇筑楼梯和预浇筑楼梯,如图 11.2 所示。

(a) 螺旋楼梯

(b) 双跑楼梯

(c) L形楼梯   (d) U形楼梯

图 11.1 不同形状的楼梯

（1）组合楼梯：一般用于钢楼梯。

（2）现场浇筑楼梯（整体浇筑楼梯）：一般用于混凝土楼梯。默认是混凝土板式楼梯，也可设置属性，将其改为混凝土梁式楼梯。

图 11.3 所示为现场浇筑楼梯，图 11.4 所示为钢楼梯。

（3）预浇筑楼梯：预制楼梯。

11.1.3　板式楼梯的创建

板式楼梯的创建步骤如下（视频 11.1）。

（1）点击"建筑"选项卡，再点击"楼梯"按钮，如图 11.5 所示。

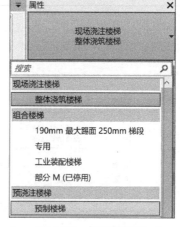

图 11.2 楼梯的类型

视频 11.1 板式楼梯的创建

图 11.3 现场浇筑楼梯

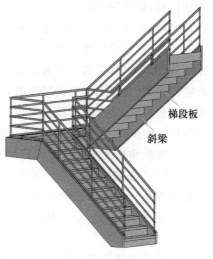

图 11.4 钢楼梯

图 11.5　楼梯按钮

（2）在属性栏选择"整体浇筑楼梯"，如图 11.6 所示。

（3）在属性栏中设置楼梯的属性，如图 11.7 所示。

图 11.6　选择"整体浇筑楼梯"　　　　　　　　图 11.7　楼梯属性表

设置属性之前，要了解楼梯最主要的几个属性。

底部标高：指楼梯底部所处的基准标高。

底部偏移：指楼梯底部与底部基准标高的差值。

顶部标高：指楼梯顶部所处的基准标高。

顶部偏移：指楼梯顶部与顶部基准标高的差值。

所需梯面数：是整个楼梯的踏步数量。

实际踏板深度：是楼梯的踏步宽度。

实际梯面高度：是踏步的高度，该值是自动计算的，即楼梯整体高度/踏步数量。

（a）设置楼梯高度方向的底部高度位置、顶部高度位置。楼梯高度方向的底部、顶部位置，是由"底部标高""底部偏移""顶部标高""顶部偏移"四个属性控制的。

如欲绘制从一层至二层的楼梯，则将"底部标高"设为"一层"，"顶部标高"设为"二层"。若楼梯底部与一层有高差，则设置"底部偏移"。同样，若楼梯顶部与二层有高差，则设置"顶部偏移"。

（b）设置楼梯的踏步总数。"所需梯面数"为整个楼梯的踏步数量，如图 11.7 所示,共设置了 24 个踏步。

　　输入踏步数量后,软件会根据前面输入的整个楼梯的底部高度位置和顶部高度位置,以及踏步总数,自动计算出每个踏步的高度,即图 11.7 中的"实际梯面高度"。

　　(c)设置踏步宽度。输入"实际踏板深度",即为每个踏步的宽度,此例输入 260,如图 11.7 所示。

　　完成以上属性的设置后,即可开始绘制楼梯。

　　(4)点击菜单栏中的"梯段",再点击直梯符号,如图 11.8 所示。

图 11.8　"梯段"→"直梯"

　　(5)在常用属性栏输入"实际梯段宽度",即为该跑楼梯的宽度。此处输入 1 200,代表该跑楼梯的宽度为 1 200 mm。如图 11.9 所示。

图 11.9　实际梯段宽度

　　(6)在绘图区域,点击第一点,作为楼梯第一个踏步的起点。

　　(7)向右拖动鼠标,此时,屏幕中将会出现拟生成的楼梯平面样式,同时会出现淡灰色的文字,表示当前已经创建了多少踏步,还剩余多少踏步,如图 11.10 所示。

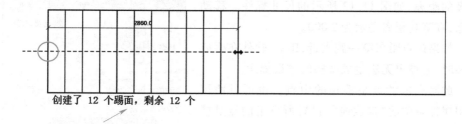

图 11.10　楼梯踏步数量提示

　　本例需要创建一个双跑楼梯,而当前楼梯总踏步数是 24 个,则每跑是 12 个踏步。所以移动鼠标,直至其提示"创建了 12 个踢面,剩余 12 个",如图 11.10 所示。

（8）在该处点击鼠标,则创建完成该楼梯的第一段,如图 11.11 所示。

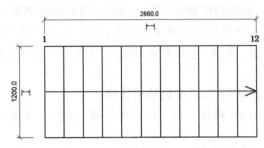

图 11.11　创建完成的第一段楼梯

（9）在上一步所点击的第一段楼梯的终点的下面,点击第二段楼梯的起点,如图 11.12 圆圈表示的位置。

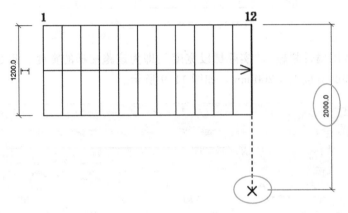

图 11.12　绘制第二段楼梯的起点

注意:该点是第二段楼梯宽度的中点,所以要根据每跑楼梯宽度和两跑楼梯之间的间隙计算该点位置。

本例中,每跑楼梯宽度为 1 200 mm,两跑楼梯的间隙为 200 mm,则该点距离第一跑楼梯边缘的距离为:1 200 mm+200 mm+1 200mm/2 = 2 000 mm。

Revit 软件会自动提示该点距离第一跑楼梯边缘的距离,如图 11.12 所示的尺寸标注。移动鼠标,直至其距离提示为 2 000。

如果该点距离第一跑太近,Revit 软件在生成楼梯时,会弹出无法生成楼梯的错误提示。

此时点击的点是楼梯的中点。也可以使用常用属性条中的"定位线",设置所点击的点是楼梯的中心、左、右等,如图 11.13 所示。

（10）水平向左拖动鼠标,移动到第二段楼梯的终点,如图 11.14 所示的圆圈位置,单击鼠标。

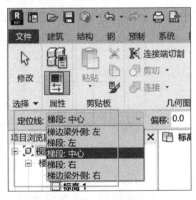

图 11.13　定位线

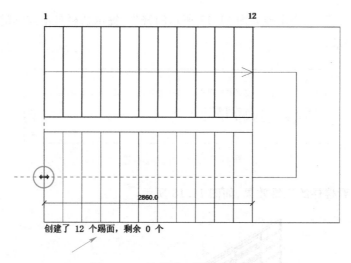

图 11.14 绘制第二段楼梯的终点

绘制时,要注意图 11.14 箭头所指位置的提示,此时应该剩余 0 个。此提示在本案例中的作用不明显,但是在单跑、不等跑楼梯的绘制中,此提示特别重要。

(11) 此时绘制的楼梯如图 11.15 所示。

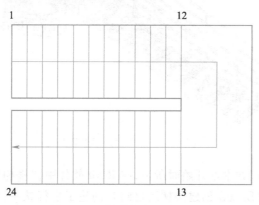

图 11.15 创建完成的楼梯平面

可以发现,楼梯的休息平台也自动创建出来了。默认的休息平台的宽度与每跑楼梯的宽度相同,后期可以对楼梯进行编辑,修改休息平台的宽度。

(12) 最后,点击主菜单上的"✔",如图 11.16 所示,完成该楼梯的创建。

图 11.16 完成楼梯创建

在点击"✔"时,会出现如图 11.17 所示的警告,提示扶栏是不连续的。这里可以暂时忽略此提示。

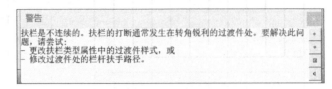

图 11.17　提示栏杆不连续

（13）查看楼梯的三维效果,如图 11.18 所示。

图 11.18　板式楼梯三维效果

需要强调的是:正如本章开始时所说,在 Revit 软件中,"楼梯"和"栏杆扶手"是两个独立的族。本例之所以在创建楼梯后也同时创建了栏杆扶手,是因为 Revit 软件自动把两个族,即栏杆扶手族和楼梯族,同时创建出来了。因此,在楼梯中可以单独选择楼梯,也可以单独选择栏杆扶手。图 11.19a、b 是一个楼梯单独选择并隐藏栏杆扶手、单独选择并隐藏楼梯后的效果。

11.1.4　楼梯的组成

Revit 软件中的楼梯由三部分组成,分别是梯段、平台、支座,如图 11.20 所示。

（1）梯段:即每跑楼梯。梯段有各种形状可以选择,包括直梯、螺旋梯段、U 形梯段、L 形梯段、创建草图。

（2）平台:即休息平台,包含三种创建方式:在梯段之间自动创建、通过拾取两个梯段进行创建、自定义绘制。

（3）支座:即实际工程中的楼梯梁,含梯边梁、踏步梁。

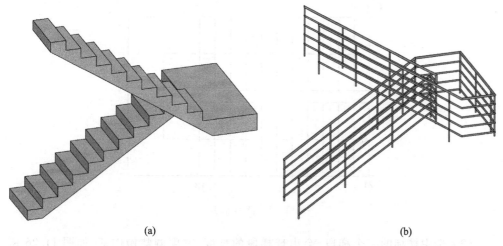

(a)   (b)

图 11.19　可以单独选择楼梯或栏杆扶手

图 11.20　创建楼梯的操作界面

如图 11.21 所示,在梯段编辑界面中,可供选择的楼梯形状有直跑楼梯、螺旋楼梯、L形楼梯、U 形楼梯等。"🖊"为创建草图,即以草图模式创建梯段,该模式类似 CAD 软件中的平面绘制楼梯,采用该功能可编辑楼梯的平面形状,生成特殊平面形状的楼梯。

图 11.22 为休息平台操作界面。第一个按钮"🖳"是将两个相同标高的梯段进行连接,自动生成休息平台;第二个按钮"🖊"是通过绘制形状来创建自定义的休息平台。

图 11.23 为支座操作界面,通过拾取各个梯段或平台的边来创建楼梯梁。

图 11.21　选择楼梯形状　　图 11.22　休息平台操作界面　　图 11.23　支座操作界面

11.1.5　楼梯的编辑

(1) 首先点击楼梯图元,则在主菜单中会出现"编辑楼梯"按钮,如图 11.24 所示。

(2) 点击"编辑楼梯",则楼梯如图 11.25 所示,且楼梯出现踏步索引号,提示各点是第几个踏步。

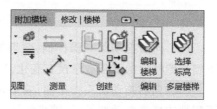

图 11.24　编辑楼梯

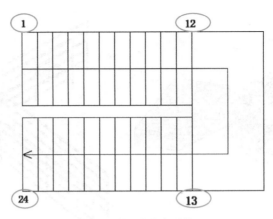

图 11.25　踏步索引号

（3）选中楼梯的一个梯段，会出现梯段的长度、宽度调整操作柄，如图 11.26 所示。拖动该操作柄，即可调整梯段的大小和宽度。

需要注意的是，楼梯梯段末端有两个操作柄符号：圆点、箭头，见图 11.26 中最左边的圆圈所圈出来的位置。两个操作柄的功能都是调整该梯段的长度，但是对另一个梯段的影响是不同的：

（a）圆点操作柄：拖动操作柄仅会增加或减少本段梯段的踏步数量，其他梯段的踏步数量不会改变，故总踏步数量会有所改变。

（b）箭头操作柄：拖动操作柄会增加或减少本段梯段的踏步数量，其他相关梯段的踏步数量也会相应减少或增加，而始终保持总踏步数量不变。

接下来对本例楼梯进行拖动操作，以介绍二者的区别。

选中上部梯段，出现梯段调整操作柄，如图 11.27 所示。

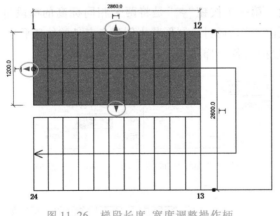

图 11.26　梯段长度、宽度调整操作柄

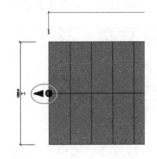

图 11.27　梯段调整操作柄

（a）向右拖动圆点操作柄，效果如图 11.28 所示，可以发现，上侧楼梯变短之后，下侧那跑楼梯的踏步数量没有变化，还是 12 个。

（b）向右拖动箭头操作柄，效果如图 11.29 所示，可以发现，上侧楼梯变短之后，下侧那跑楼梯自动变长了，踏步数量变成了 16 个。

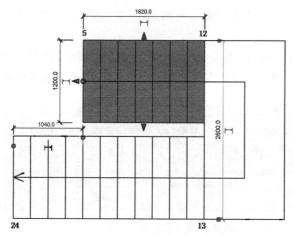

图 11.28 拖动圆点操作柄效果图

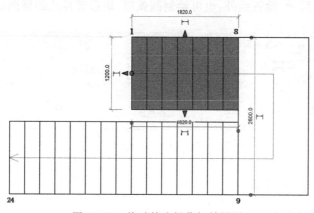

图 11.29 拖动箭头操作柄效果图

11.1.6 详图线辅助绘制楼梯

为实现楼梯位置的准确定位,可利用详图线,将其作为楼梯放置、拖动的基准线。即使用详图线先行绘制楼梯的平台位置、踏步起始位置,使其成为绘制楼梯的基准线,然后再绘制楼梯,如图 11.30 所示。

图 11.30 利用详图线作为楼梯定位的基准线

详图线和 CAD 软件中的线是一样的,是一个二维的线,所以在三维视图中是看不见的。

详图线的绘制方法:点击主菜单中的"注释"选项卡,然后点击"详图线",如图 11.31 所示,再在绘图区域分别点击线的起点、终点,即可完成详图线的绘制。

图 11.31　"注释"→"详图线"

如图 11.32 所示,除直线外,也可绘制圆弧形、矩形等样式的详图线。

图 11.32　详图线的多种样式

11.1.7　平台的调整

调整平台的操作方法如下:

选中楼梯,点击主菜单中的"编辑楼梯",再点击选中楼梯平台,将出现平台大小、位置的操作柄(图 11.33a),此时可以拖动各操作柄进行平台位置、大小的调整,图 11.33b 所示为向上拖动最上边的操作柄后的效果。

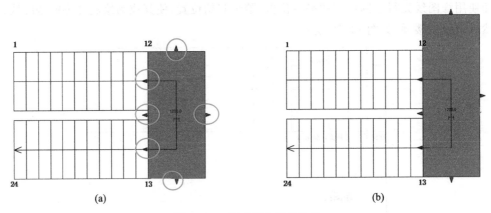

图 11.33　调整平台后的效果

11.1.8 斜楼梯的绘制

在 Revit 软件中可以轻松地绘制斜楼梯。

选中楼梯,然后点击"编辑楼梯",点击选中图 11.34a 中所示的一个梯段的圆点操作柄,向左拖动,即可形成斜楼梯,如图 11.34b 所示。

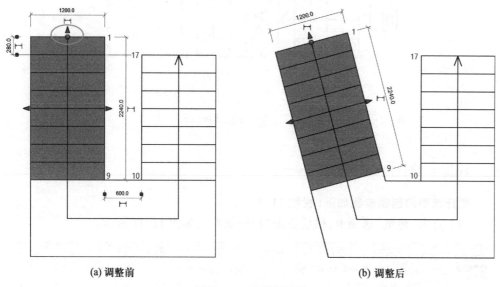

(a) 调整前　　　　　　　　　　　　　(b) 调整后

图 11.34　绘制斜楼梯

在绘制时,也可直接点击斜楼梯的真实位置来绘制斜楼梯。

11.1.9 翻转楼梯

翻转楼梯即翻转楼梯的走向。如图 11.35 所示的双跑楼梯,原来从上边的那跑楼梯起步,翻转楼梯的效果就是改为从下边的那跑楼梯起步。

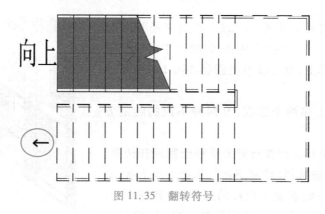

图 11.35　翻转符号

操作方法:在平面图中选中楼梯,楼梯上将出现翻转符号,见图 11.35 中左下部的圆圈标识。点击该符号,即可进行楼梯的翻转。

图 11.36 是图 11.35 所示的楼梯翻转后的效果。

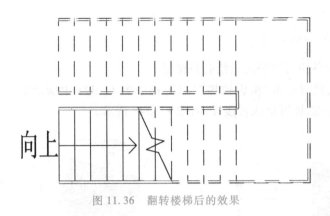

图 11.36　翻转楼梯后的效果

11.2　栏 杆 扶 手

11.2.1　栏杆扶手的创建

栏杆扶手的创建步骤如下(视频 11.2)。

(1)点击"建筑"选项卡,然后点击"栏杆扶手",如图 11.37 所示。

图 11.37　"建筑"→"栏杆扶手"

(2)此时有两个选项,分别是"绘制路径"和"放置在楼梯/坡道上",也就是说 Revit 软件中的栏杆扶手可以用在楼梯上,也可以单独创建如图 11.38 所示的栏杆。

(3)针对上述两个选项,有两种不同的绘制方法。

(a)绘制路径。即按自定义路径绘制栏杆扶手。操作方法为:点击选择"绘制路径",选择线段形状,如图 11.39 所示。绘制整个栏杆的路径,绘制完成后,点击菜单栏中的"✔",即可完成绘制。图 11.40 所示为采用默认的栏杆样式绘制的各种形状的栏杆。

图 11.38　独立栏杆示意图

（b）放置在楼梯/坡道上。即将栏杆扶手放置在楼梯/坡道上。

操作方法为：点击"放置在楼梯/坡道上"（图 11.41），在主菜单中将出现"踏板""梯边梁"选择界面（图 11.42），两者的放置位置不同：栏杆放置在踏板上的效果如图 11.43 所示，放置在梯边梁上的效果如图 11.44 所示。最后点击选择所要放置的楼梯。

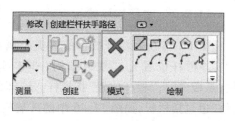

图 11.39　绘制路径的选择

注意：

（a）只有楼梯没有栏杆扶手时方可放置。若已有栏杆扶手，可点击选择栏杆扶手，然后按 Delete 键删除已有的栏杆扶手。

（b）选择"梯边梁"时，需要楼梯有边梁。若没有，则会自动更改为放置"踏板"。

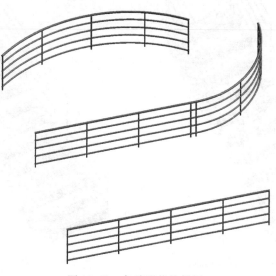

图 11.40　各种形状的栏杆

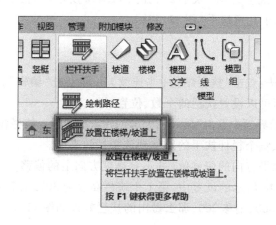

图 11.41　"放置在楼梯/坡道上"

11.2.2 栏杆扶手的组成

图 11.45 所示栏杆扶手的族类型属性中,可以看到两个属性:"扶栏结构(非连续)""栏杆位置"。"扶栏结构(非连续)"指扶栏,是横向的;"栏杆位置"指栏杆,是竖向的,其中栏杆也包括栏板,如图 11.46 中的玻璃栏板,也叫栏杆。栏杆扶手各部分所指的位置见图 11.46。

"顶部扶栏"是指最顶上的扶栏,将其单列出来是因为顶部扶栏有时很复杂。

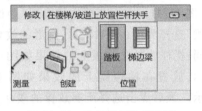

图 11.42 选择栏杆放置位置

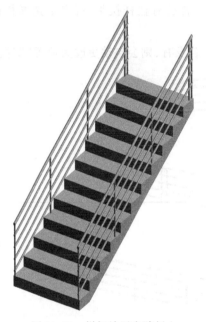

图 11.43 栏杆放置在踏板上

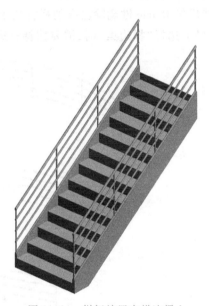

图 11.44 栏杆放置在梯边梁上

属性表中还有"扶手 1"和"扶手 2",如图 11.47a 所示。"扶手 1"用于工程中的靠墙扶手;"扶手 2"用于儿童扶手(图 11.47b)。

11.2.3 扶栏

扶栏的设置方法:点击"扶栏结构(非连续)",再点击"编辑",会进入如图 11.48 所示的界面,该界面可以设置扶栏的个数、位置、样式等。

在图 11.48 所示界面中点击"插入",即可创建新的扶栏。扶栏各属性的含义如下。

(1)高度:指从整个栏杆扶手的底部到该扶栏的高度。

(2)偏移:指水平方向的偏移值(并不是高度方向上的偏移)。

例如,在图 11.48 所示的设置中,第 1 个扶栏高度为 300,第 2 个扶栏高度为 600,第 3 个扶栏高度为 800、偏移 200,那么做出的扶栏效果如图 11.49 所示。

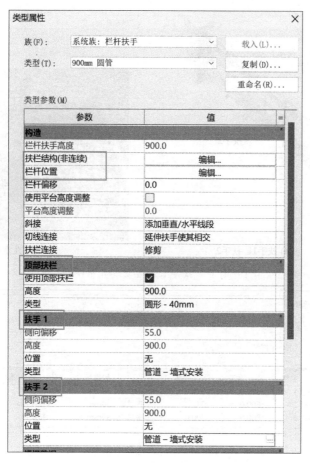

图 11.45　栏杆扶手的类型属性界面

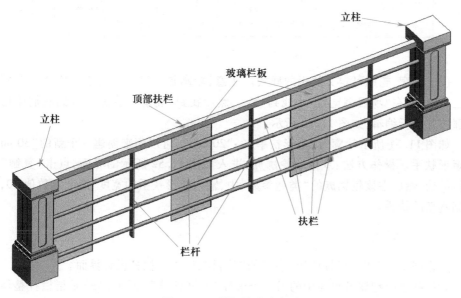

图 11.46　栏杆扶手示意图

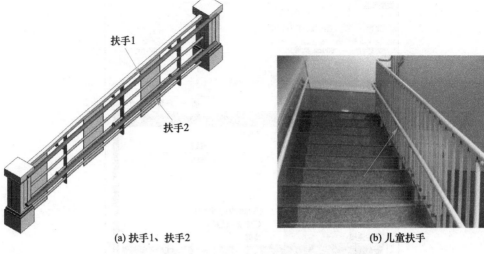

(a) 扶手1、扶手2　　　　　　　　　　　　(b) 儿童扶手

图 11.47　扶手 1、扶手 2 与儿童扶手

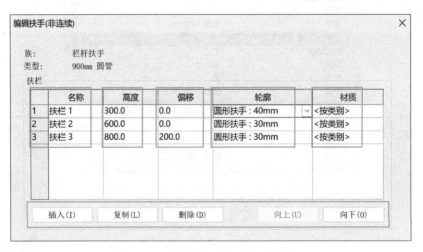

图 11.48　编辑扶手(非连续)操作界面

（3）轮廓：轮廓可定义扶栏的样式。注意,轮廓是二维的。创建或修改一个新的扶栏轮廓,需在"项目浏览器"中找到"族",然后找到"轮廓",在其中找到我们使用的轮廓族并进行编辑,如图 11.50 所示。

如图 11.51 所示轮廓为"矩形扶手"→"20 mm",可以用来创建一个新的"30 mm"的矩形扶手。操作方法:双击该轮廓族,进入如图 11.52 所示的界面,点击"复制"创建新的族,然后在该轮廓族的"类型参数"中,输入矩形扶手的宽度、高度参数值30,从而创建新的扶手。

11.2.4　栏杆

点击图 11.53 中"栏杆位置"右侧的"编辑",即进入栏杆设置界面。

栏杆扶手类型属性界面中的另一个属性"栏杆偏移"(图 11.53)是指栏杆整体在主体上的竖向偏移。

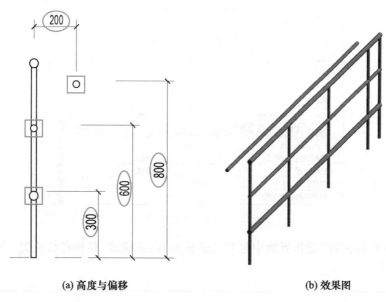

(a) 高度与偏移   (b) 效果图

图 11.49 扶栏效果

图 11.50 扶栏轮廓下拉选项

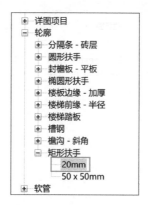

图 11.51 矩形扶手 20 mm

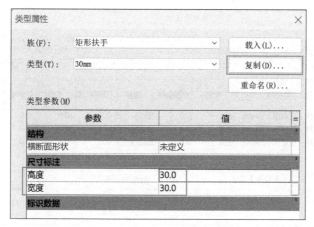

图 11.52 修改矩形扶手轮廓的类型属性

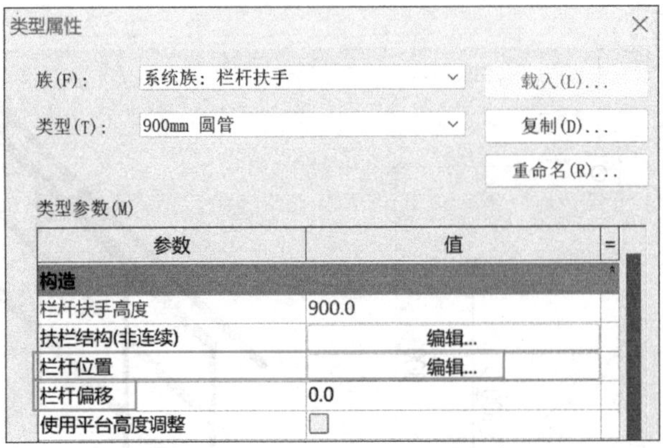

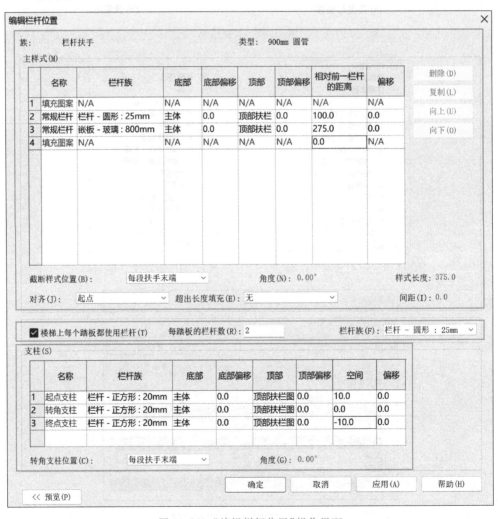

图 11.53 栏杆"编辑"按钮

"编辑栏杆位置"操作界面中包含三部分内容：主样式、踏板栏杆位置、支柱，如图 11.54 所示。

图 11.54 "编辑栏杆位置"操作界面

以图 11.55 所示的栏杆主样式界面为例,介绍其各属性的含义。

（1）栏杆族:指栏杆使用的族,对应"项目浏览器"→"族"→"栏杆扶手"。

（2）底部:底部所在的基准位置,可以是主体,也可以是扶栏。主体一般指楼梯。

（3）底部偏移:底部偏移量。

（4）顶部:顶部所在的基准位置。

（5）顶部偏移:顶部偏移量。

（6）相对前一栏杆的距离:两根栏杆的间距。

（7）偏移:垂直于栏杆方向的偏移量。

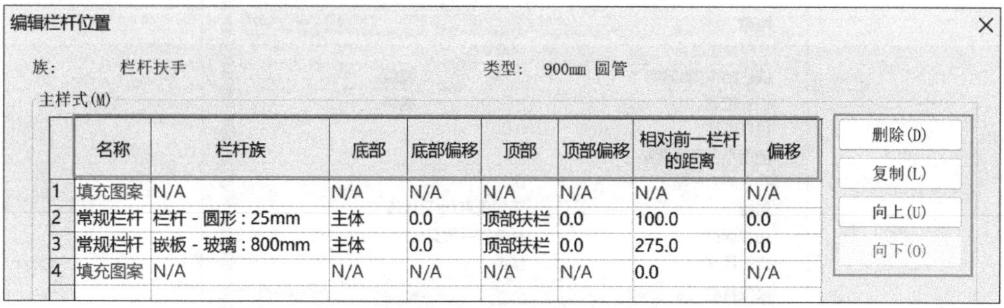

	名称	栏杆族	底部	底部偏移	顶部	顶部偏移	相对前一栏杆的距离	偏移
1	填充图案	N/A	N/A	N/A	N/A	N/A	N/A	N/A
2	常规栏杆	栏杆 - 圆形 : 25mm	主体	0.0	顶部扶栏	0.0	100.0	0.0
3	常规栏杆	嵌板 - 玻璃 : 800mm	主体	0.0	顶部扶栏	0.0	275.0	0.0
4	填充图案	N/A	N/A	N/A	N/A	N/A	0.0	N/A

图 11.55　编辑栏杆位置的主样式界面

可以看到,在该界面中是没有"插入"功能的。因此,如果要创建一个新的栏杆,只能用"复制"功能实现。选中一个栏杆,点击"复制"即可复制出一个新的栏杆,然后再对栏杆进行修改。

通过该界面中的"向上""向下"按钮,可以设置栏杆的前后顺序。

下面以一个样例来说明栏杆扶手的属性。

图 11.56 所示为自定义的一个栏杆扶手的各个属性设置,图 11.57 为该栏杆扶手的三维效果图,操作步骤如下:

（a）在栏杆扶手的"类型属性"界面,取消勾选"使用顶部扶栏"（图 11.56a）。

（b）在栏杆扶手的"类型属性"界面,在"扶栏结构（非连续）"处点击"编辑",进入"编辑扶手（非连续）"界面。

（c）按图 11.56b 所示进行设置。注意:名称也要按图所示进行修改,因为该名称在栏杆设置中会使用到。

（d）返回栏杆扶手的"类型属性"界面,在"栏杆位置"处点击"编辑",进入"编辑栏杆位置"界面。

（e）按 11.56c 所示进行设置,其中的"底部""顶部"为步骤（c）中的扶手名称,即该栏杆的起始高度和结束高度的基准位置。

注意:其中的中式宝龄栏杆族,默认是没有被载入的,需要提前进行载入操作。该族的位置是:"建筑"→"栏杆扶手"→"栏杆"→"中式栏杆"。

结合图 11.57 可看出图 11.56c 的各栏杆分别对应的位置与高度。

栏杆的起始高度是由"底部""顶部"位置控制的。例如栏杆 4 的位置是底部从底部扶手开始,顶部到中间扶手结束。但栏杆 2 比较特殊,虽然在图 11.56 中也是从底部扶手开始,到中间扶手结束,但是在图 11.57 中则不是从底部扶手开始,原因是中式保龄球栏杆本身长度过长,导致其底部超出了底部扶手的位置。

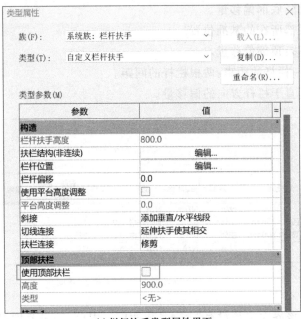

(a) 栏杆扶手类型属性界面

(b)"编辑扶手(非连续)"界面

		名称	栏杆族	底部	底部偏移	顶部	顶部偏移	相对前一栏杆的距离	偏移
	1	填充图案	N/A	N/A	N/A	N/A	N/A	N/A	N/A
	2	栏杆1	栏杆 - 正方形:20	主体	0.0	顶部扶手	0.0	60.0	0.0
	3	栏杆2	中式宝龄栏杆:中	底部扶手	0.0	中间扶手	0.0	200.0	0.0
	4	栏杆3	栏杆 - 圆形:25m	中间扶手	0.0	顶部扶手	0.0	0.0	0.0
	5	栏杆4	栏杆 - 扁钢立杆:5	底部扶手	0.0	中间扶手	0.0	300.0	0.0
	6	填充图案	N/A	N/A	N/A	N/A	N/A	0.0	N/A

(c)"编辑栏杆位置"界面

图 11.56　自定义栏杆扶手

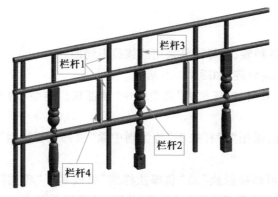

图 11.57　自定义栏杆扶手三维效果图

11.2.5　支柱的定义

支柱是栏杆扶手的起点和终点位置的栏杆,也包括转角处的栏杆。

在图 11.58 的支柱属性设置界面中,"空间"指支柱到整个栏杆扶手的起点或终点的距离,图 11.59 是将支柱"空间"设置为-300 mm 后的效果。

支柱(S)

	名称	栏杆族	底部	底部偏移	顶部	顶部偏移	空间	偏移
1	起点支柱	栏杆 - 圆形 : 25m	主体	0.0	顶部扶手	0.0	-300.0	0.0
2	转角支柱	栏杆 - 圆形 : 25mm	主体	0.0	顶部扶手	0.0	0.0	0.0
3	终点支柱	栏杆 - 圆形 : 25mm	主体	0.0	顶部扶手	0.0	-10.0	0.0

转角支柱位置(C)：　　　每段扶手末端　∨　　　　　角度(G)：0.00°

图 11.58　支柱属性设置界面

图 11.59　支柱示意图

187

11.2.6　栏杆扶手涉及的族

栏杆扶手涉及各种族,且每部分采用的族是不同的。

(1)扶栏:采用轮廓族,如图 11.60 所示。

(2)顶部扶栏:采用"栏杆扶手"族类别中"顶部扶栏类型"的各个族,如图 11.61 所示。

(3)栏杆、立柱:采用"栏杆扶手"族类别中除"顶部扶栏类型"之外的其他族,如图 11.61 所示。

应注意的是,"顶部扶栏族"是"顶部扶栏族"里嵌套了"轮廓"族,所以如果需要更改"顶部扶栏族",则"顶部扶栏族"和其"轮廓族"都需要更改。

第 11 章作业

第 11 章四色插图

图 11.60　扶栏轮廓族

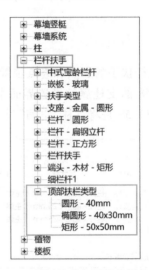

图 11.61　栏杆扶手与顶部扶栏轮廓族

第 **12** 章 材质

12.1 材质的使用与新建

12.1.1 材质界面

进入 Revit 软件的材质界面,有两种方法。第一种方法是点击主菜单中的"管理"选项卡,然后再点击"材质"按钮,如图 12.1 所示,就会进入材质的设置界面。

图 12.1 进入材质界面的方法一

第二种方法是点击构件的"属性",然后点击材质栏中的"…"按钮,如图 12.2 所示,也可以进入材质的设置界面。

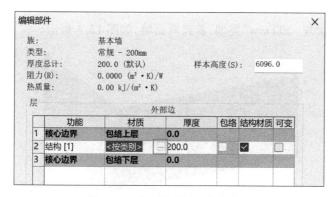

图 12.2 进入材质界面的方法二

材质界面分为三部分:项目材质、材质库、材质属性,如图 12.3 所示。

(1) 项目材质:当前项目已载入的材质。为加快 Revit 软件的运行速度,并减少 Revit 软件项目文件的大小,Revit 软件默认仅将常用的材质、本项目使用的材质载入项目材质。

(2) 材质库:Revit 软件自带的全部材质。

(3) 材质属性:材质的各种属性。

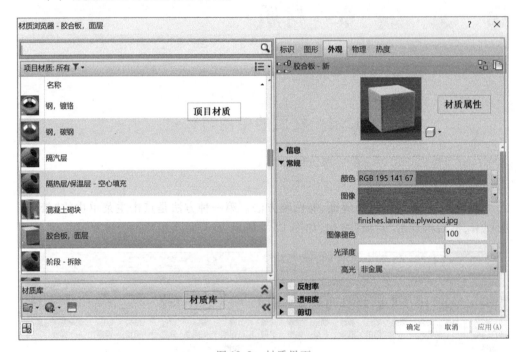

图 12.3　材质界面

视频 12.1 材质的使用

12.1.2　材质的使用

项目材质是可以直接使用的。下面以给墙设置新的材质为例,介绍其操作方法(视频 12.1)。

(1) 使用"常规–200 mm"类型,新建两面墙,如图 12.4 所示。

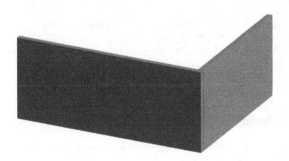

图 12.4　新建的墙体

（2）在墙的类型属性中，点击"结构"旁的"编辑"，进入墙的构造设置界面。

（3）点击"结构[1]"层的"材质"属性栏，则会出现"…"按钮，如图12.5所示。

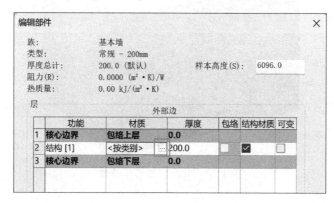

图12.5 材质设置按钮

（4）点击"…"按钮，进入材质界面。

（5）点击选择一种材质，如"砌体-普通砖"材质，如图12.6所示，然后点击"确定"，即可将墙的结构层修改为该材质。也可在左上部的搜索框输入材质名称进行搜索。

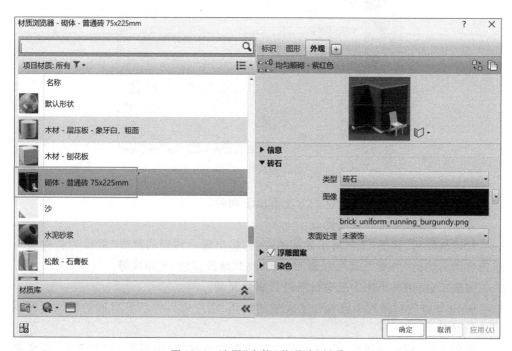

图12.6 选用"砌体-普通砖"材质

（6）在墙的构造界面点击"确定"，并在墙体类型界面点击"确定"。

（7）将"视觉样式"修改为"真实"，则该墙体效果如图12.7所示。

191

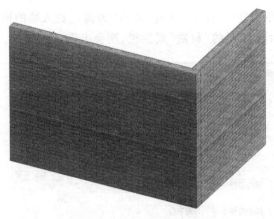

图 12.7　修改材质后的墙体

12.1.3　新建材质

进入材质界面之后,点击该界面左下的第二个按钮,点击"新建材质",如图 12.8 所示,将创建一个新材质,如图 12.9 所示。

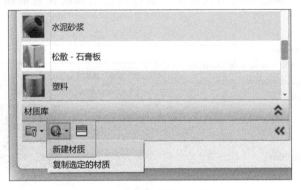

图 12.8　新建材质方法

新建材质后,修改材质属性的方法有以下两种。

方法一:直接在材质界面修改。

新建材质后,在图 12.9 所示界面的左侧,将出现一种新的材质"默认为新材质",点击界面右侧的"外观",就可以修改材质,比如修改颜色、光泽度等。

方法二:使用材质库中已有材质进行属性复制。

Revit 软件的材质库中已包含了大量的材质,用户可以将已有材质的属性复制到新建的材质中。

复制方法:新建材质后,点击界面左下角第三个按钮,出现提示"打开/关闭资源浏览器"(图 12.10),即可打开并使用资源浏览器中已有的材质。在其中找到一种需要的材质,该材质右侧有双箭头符号(图 12.11),点击该符号,即可将该材质的属性复制到刚刚新建的材质上。

图 12.9 新创建的"默认为新材质"属性界面

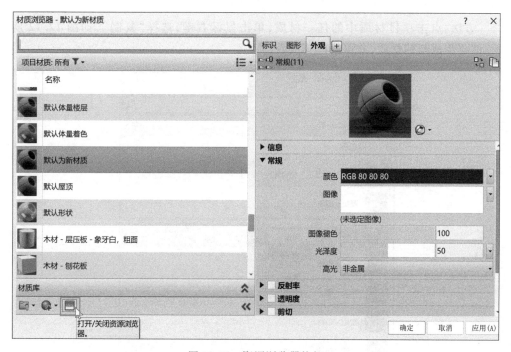

图 12.10 资源浏览器按钮

12.1.4 材质的复制

在图 12.3 所示的项目材质中,可以直接复制生成新的材质。

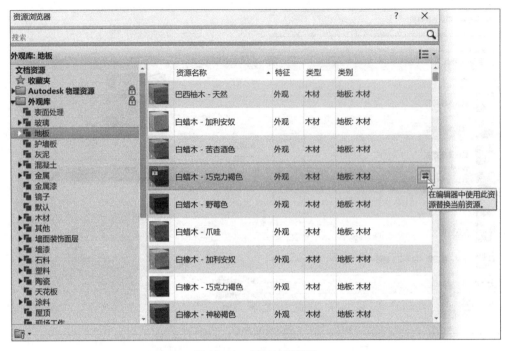

图 12.11　复制材质属性

　　方法：点击项目材质中的任一材质，单击鼠标右键，选择"复制"，如图 12.12 所示，即可生成新的材质，并可修改其属性。

图 12.12　复制材质

需要说明的是,在 Revit 软件中复制生成的材质,其"外观"属性被修改后,原材质的"外观"属性亦会跟着被修改。原因是:材质的外观、物理、热度/热量、结构属性等可以被多个材质共享。复制生成的材质,以上属性均与原材质共享。若需让复制生成的材质不和其他材质共享以上属性,比如不共享外观,则需在"外观"界面(图 12.13)点击右侧圈出来的复制按钮,即可脱离共享。同时,在该界面中,左上角圈出来的数字表示是否有其他材质共享该属性,"0"表示没有,"1"表示有其他一种材质与之共享,"2"表示有其他两种材质与之共享,以此类推。

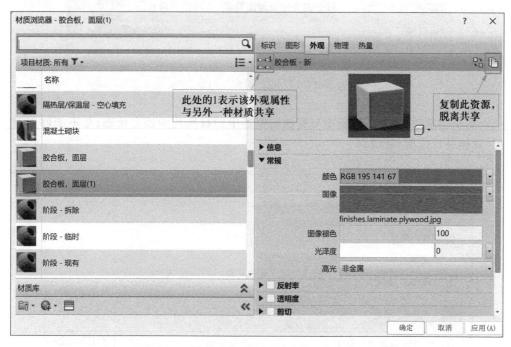

图 12.13 材质共享与复制

Revit 软件提供材质属性共享功能是有其实际功能需求的。比如有 C30、C40、C50 三种混凝土材质,这三种混凝土的"外观"属性是一致的,所以用户可以利用该功能共享其"外观"属性,只需修改其中一种材质,如 C30 的"外观"属性,则 C40、C50 混凝土的"外观"属性也会随之改变。这样不仅方便快捷,还可以保证各种类似材质属性的统一性。

"图形"属性主要用于出图,因此是不存在共享问题的。

12.2 材 质 库

虽然在项目材质中只能看到少量的材质,但 Revit 软件提供了丰富的材质库供用户选择。

可以点击图 12.14 所示的材质库按钮"⌄"或资源浏览器按钮"▤",进入 Revit

软件自带的材质库：材质库、资源浏览器，其各自所包含的材质如图 12.15 和图 12.16 所示。

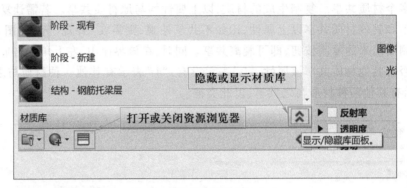

图 12.14　进入材质库的办法

需要注意的是，上述材质库与资源浏览器中的材质均为锁定状态，是不能够更改的，只能进行选用、复制。

图 12.15　材质库

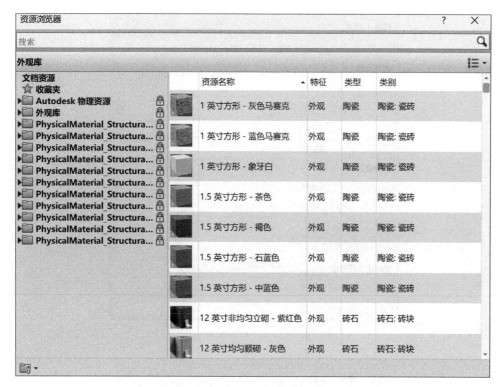

图 12.16 资源浏览器

12.3 材质的属性

材质的属性主要包括标识、图形、外观、物理、热度/热量等。不同的材质,其属性一般均包含前三项,但后面几项可能不同。

12.3.1 标识

材质标识包括三个大项,分别是"说明信息""产品信息"与"Revit 注释信息",如图 12.17 所示。材质标识是对材质进行的文字标识,其中最主要的属性是名称。

12.3.2 图形

图形设置主要用于设置"视觉样式"为"线框""隐藏线""着色""一致的颜色"时,材质的显示样式设置。图形设置包括三部分:"着色""表面填充图案""截面填充图案",如图 12.18 所示。其中"着色"用于"视觉样式"为"着色""一致的颜色"时的颜色,可以通过调节 RGB 参数来设置其颜色;"表面填充图案"用于物体未被剖切到时的图案填充;"截面填充图案"用于物体被剖切到时的图案填充(视图详细程度应为中等或详细,可用于平面视图、立面视图、剖面视图)。

在图形设置界面中,勾选"使用渲染外观"属性时,表示图形界面的颜色采用"外观"的颜色设置。

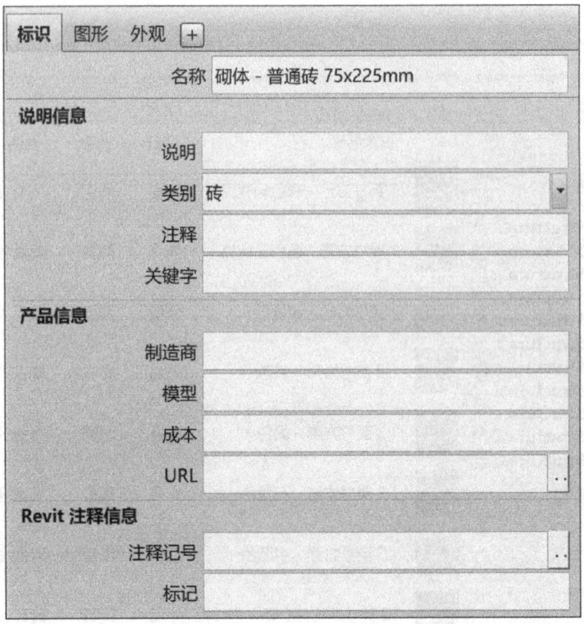

图 12.17　材质标识界面

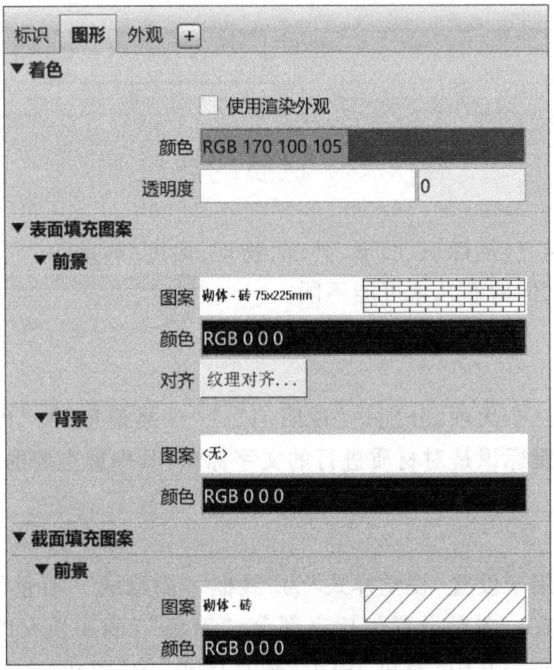

图 12.18　图形设置

　　"纹理对齐"属性表示将材质"外观"的纹理与"图形"中的表面填充图案对齐。此功能主要用于铺贴瓷砖的物体,可以使图纸的瓷砖分隔位置与外观中的瓷砖分隔位置相同。

12.3.3 外观

"外观"可设置材质的真实样子,用于当视图的"视觉样式"为"真实"时的显示。

外观设置比较复杂,且对于不同类别的材质,其外观属性所包含的内容是不同的(图12.19)。下一节将对外观的常用属性进行详细介绍。

(a) 铜的外观属性

(b) "默认"材质的外观属性

图 12.19　不同材质的外观属性内容

12.4　材质外观中的常用属性

材质外观的常用属性有：颜色、图像、图像褪色、光泽度、高光，还包括反射率、透明度、剪切、自发光、凹凸和染色等。

下面以"默认"材质为例，说明各种属性的设置与作用。即先选择"默认"材质，或者将"默认"材质复制生成一种新的材质，进行外观属性的修改，并查看其效果。

12.4.1　颜色

颜色属性表示材质的颜色。如图 12.20 所示，点击"颜色"右边的 RGB 值，即可选择颜色或输入 RGB 值确定材质颜色。

图 12.20 是将颜色设置为"RGB 41 169 118"的界面，图片上部是设置为该颜色的材质样式预览。

图 12.20　颜色属性

12.4.2　图像

图像属性是材质的漫反射贴图，即以一张图片作为材质的贴图，从而控制物体表面的漫反射和表面颜色，使材质显示出与贴图一样的效果。实际工程中，可以将材质的真实照片作为贴图，比如用砖墙图片作为贴图，即可渲染出和真实物体一样的材质效果（视频 12.2）。

视频 12.2 材质贴图

注意：在 Revit 2023 初始版本的图像属性中选择图片文件后，会显示找不到文件。需要安装 Revit 2023 更新补丁，方可正常使用该图像贴图功能。

（1）新增贴图：点击"图像"右侧的图像框，选择一幅图片，即可完成新增贴图。

图 12.21 是将小熊图片设置为图像的效果。

图 12.22 是本章使用的小熊贴图原图，以及后续讲解需要使用的小熊黑白图。手机扫描相应二维码，即可下载该贴图。后续均以该图片为例讲解贴图的具体操作方法。

（2）删除贴图：添加图片后，可右键点击图像，然后选择"删除图像"，即可删除贴图，见图 12.23。

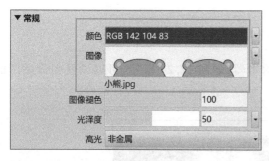

(a) 图像设置

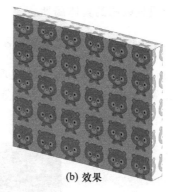

(b) 效果

图 12.21　图像属性效果

(a) 小熊贴图原图及二维码　　　　　　　　(b) 小熊黑白图及二维码

图 12.22　小熊贴图原图、小熊黑白图及下载图片的二维码

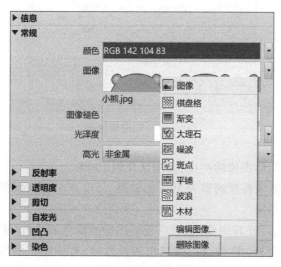

图 12.23　图像右键菜单

（3）修改贴图文件：需要先删除原图，然后重新选择新的贴图图片文件。

（4）编辑贴图的样式：在已添加图片的情况下，点击图片，即进入图像的纹理编辑器,可设置贴图的具体属性。

12.4.3　图像的纹理编辑器

点击图像,即进入图像的纹理编辑器,如图 12.24 所示,可以设置图像贴图的亮度、位置、比例、贴图的重复方式等。

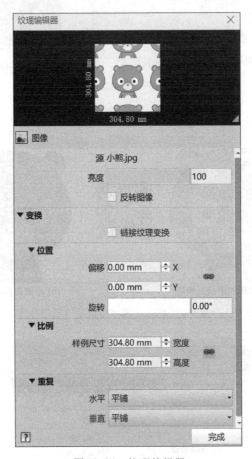

图 12.24　纹理编辑器

(1) 亮度。可调整图像的亮度,范围从 0 到 100%。

图 12.25 是将图像亮度调整为 59% 的效果,可以在上面的预览框中看到,贴图变暗了。

(2) 反转图像。"反转图像"选项可反转图像的深色和浅色(图 12.26)。

(3) 链接纹理变换(图 12.27)。启用该设置后,对该贴图属性的"位置""比例"和"重复"设置所做的所有更改,材质中的其他贴图(如透明贴图、凹凸贴图、剪切贴图等)均发生同样更改。

(4) 位置。"位置"可以设置贴图的位置,包括偏移、旋转,偏移又分为 X 方向的偏移和 Y 方向的偏移。

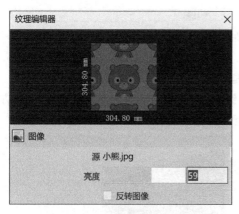

图 12.25　图像的亮度设置

图 12.26　反转图像

图 12.28 是 X 方向偏移 50.00 mm、Y 方向偏移 20.00 mm 的效果,将图 12.28 与图 12.24 的预览图相比,可以看到小熊的图片发生了相应的偏移。

图 12.27　链接纹理变换

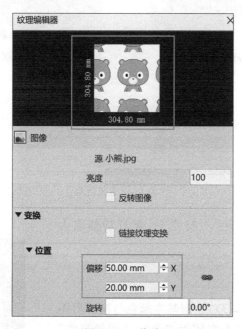

图 12.28　偏移

（5）比例。"比例"可设置图片的放大、缩小比例。在图 12.24 中的预览图上可以看到原图所对应的大小为 304.80 mm×304.80 mm,此时,将比例中的样例尺寸修改为 904.00 mm×904.00 mm(图 12.29),则表示该图片在实际物体上所占尺寸将放大为原先的 3 倍左右。

比如,一段宽 3 000 mm、高 4 000 mm 的墙,若不修改比例,会出现 10×13 个小熊,如图 12.30a 所示。若修改为 904 mm×904 mm,则该段墙上只会出现约 3.5×4.5 个小熊,如图 12.30b 所示。

图 12.29 中右边的锁链图标表示是否保持图片长宽比不变。

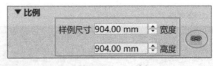

图 12.29 比例

（6）重复。"重复"表示贴图在物体上是否重复出现。该属性可以设置为"无"和"平铺",如图 12.31 所示。"无"表示在该方向不重复;"平铺"是将该图片进行重复,直至铺满整个物体。

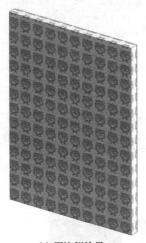

(a) 原比例效果　　　　　　　　(b) 修改比例后的效果

图 12.30 修改比例效果比较

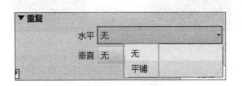

图 12.31 重复属性

图 12.32 是在"重复"中将水平、垂直均修改为"无"的效果。

12.4.4 图像褪色

"图像褪色"（图 12.33）控制基本颜色与漫反射图像之间的组合比例。只有在使用图像时,"图像褪色"属性才可用。0 表示只使用基本颜色,100 表示只用漫反射图像,中间值是二者不同程度的混合效果。

12.4.5 光泽度

"光泽度"（图 12.33）指材质表面的光滑度,其值介于 0（阴暗）到 100（完美镜面）之间。降低光泽度可

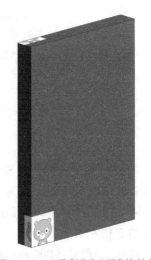

图 12.32 "重复"为"无"的效果

生成粗糙表面或磨砂玻璃效果。

图像褪色		100
光泽度		50
高光	非金属	

图 12.33 图像褪色、光泽度、高光

12.4.6 高光

"高光"(图 12.33)用于调整材质的金属高光,属性包括"金属"和"非金属"。

12.4.7 反射率

"反射率"(图 12.34)包括"直接"和"倾斜"。"直接"表示当材质表面直接面对相机时,材质反射了多少光;而"倾斜"表示当材质表面与相机成某一角度时,材质反射了多少光。

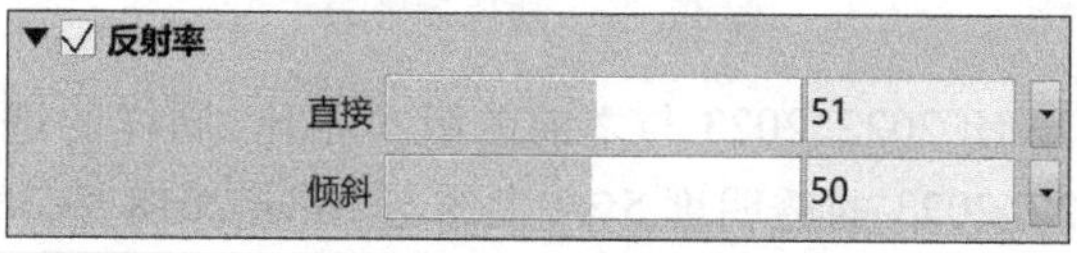

图 12.34 反射率

12.4.8 透明度

"透明度"(图 12.35)包含"数量""图像""图像褪色""半透明度"与"折射"五个参数。

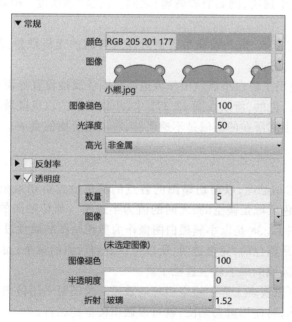

图 12.35 透明度

"数量"是穿过表面而不被表面反射或吸收的光线的数量,其值介于 0(完全不透明)到 100%(完全透明)之间。当"透明度"为 0 时,"半透明度"和"折射"不可用。图 12.36 是透明度为 5% 的效果:透过墙体,我们可以看到后面的桌子。

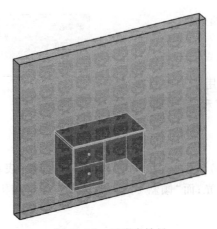

图 12.36　透明度效果

　　需要说明的是,Revit 2022、2023 与之前的版本相比,同样的透明度值下其效果的差异很大。Revit 2022、2023 的透明度 5%,大约与 Revit 2018 中 30% ~ 50% 的效果差不多。所以,该透明度的数值,需经测试查看其真实效果而定。

　　“图像”指透明贴图,即根据贴图的各点颜色设置材质中各点的透明或不透明程度。贴图中白色为透明,黑色为不透明,之间的值为半透明。

　　“图像褪色”是控制基本颜色与透明贴图的组合比例。

　　“半透明度”指光线穿过表面时被吸收和重新传播的比例,其值介于 0(无半透明)到 100%(完全半透明,例如磨砂玻璃)之间。仅当“透明度”>0 时,“半透明度”才可用。

　　“折射”即折射指数,指光线穿过表面时发生弯曲的光线数量,其值介于 0(无折射)到 5(最大折射)之间。

　　图 12.37 是使用了黑白小熊贴图作为透明贴图的属性设置界面与效果,贴图中间是黑色的,四周是白色的,所以在图 12.37b 中,小熊周边的白色区域是透明的,可以看到后面的桌子,而小熊所在的区域是不透明的,看不到后面的桌子。

12.4.9　剪切

　　“剪切”就是剪切贴图,以剪切贴图的各点的颜色设置剪切效果:白色为不透明;黑色为透明,即黑色区域是镂空的;之间的值为半透明。剪切贴图的颜色控制与透明贴图是相反的。图 12.38 是以小熊黑白图像作为剪切贴图的属性设置界面与效果,可以看到:由于小熊是黑色的,完全透明,所以可以看到后面的桌子;而小熊周边为白色,不透明,所以白色区域的桌子就被遮挡了。

　　用剪切贴图可以实现工程中镂空栏杆的效果。绘图时不用做出每一根栏杆,只需使用一个矩形物体,再使用剪切贴图,就可以做出镂空的栏杆。

　　与透明贴图不同的是,剪切贴图不反射,而透明贴图将保持反射率。

12.4.10　自发光

　　“自发光”是指物体能够自发光,像灯泡一样。它包含了“过滤颜色”“亮度”与

"色温"三个参数,如图 12.39 所示。

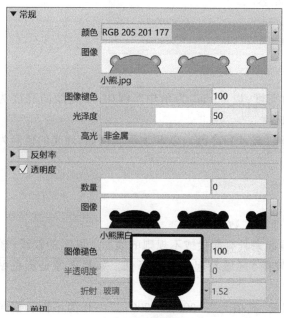

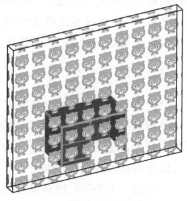

(a) 透明贴图属性设置　　　　　　　　(b) 透明贴图效果

图 12.37　透明贴图属性设置界面与效果

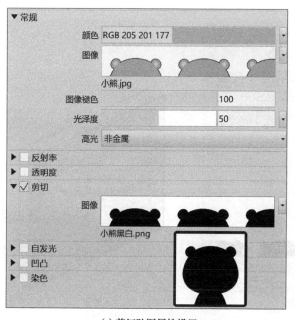

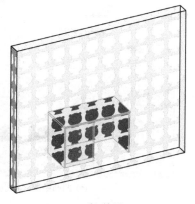

(a) 剪切贴图属性设置　　　　　　　　(b) 效果

图 12.38　剪切贴图属性设置界面与效果

"过滤颜色"指穿过透明或半透明材质(例如玻璃)传播的光线的颜色。

图 12.39　自发光

"亮度"指该表面发出的光线的亮度,以 cd/m² 为单位。例如,暗光线的亮度为 10 cd/m²,卤素光的亮度为 10 000 cd/m²。

"色温"指材质发出的光线的色温(暖色和冷色),以 K 表示。例如,烛光的色温为 1 850 K,氙弧灯的色温为 6 420 K。

12.4.11　凹凸

"凹凸"属性包含两个参数:"图像"与"数量"。

"图像"指凹凸贴图,可使物体看起来具有起伏或不规则的表面。贴图的较浅(较白)区域看起来表面升高,而较深(较黑)区域看起来表面降低。如果图像是彩色贴图,将使用每种颜色的灰度值。

"数量"指凹凸的相对高度或深度,其值为-1 000 ~ 1 000,其中 0 为平面。值越高,凸度越高,使用负值则会使表面下凹。

图 12.40a 是使用小熊贴图且数量为 1 000 的属性设置,图 12.40b 是如此设置后的凹凸贴图效果。

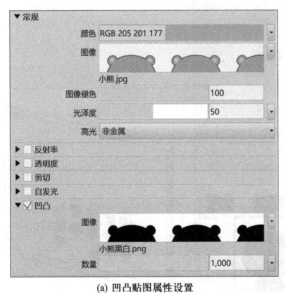

(a) 凹凸贴图属性设置

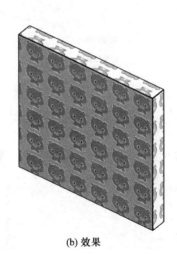

(b) 效果

图 12.40　凹凸贴图属性设置与效果

12.4.12　染色

"染色"是将"染色"的颜色与"常规"中的颜色进行混合,从而形成最终的材质颜色,图 12.41 预览框中是两种颜色染色后的效果。

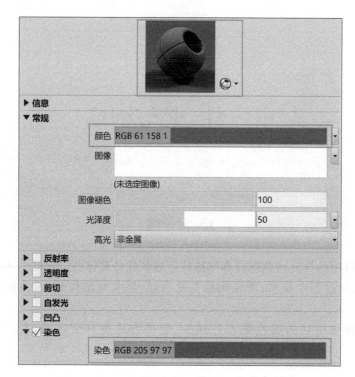

图 12.41　染色

第 12 章作业

第 12 章四色
插图

第13章 柱、梁与钢筋

13.1 柱

Revit 软件中的柱分为建筑柱和结构柱。建筑柱是装饰柱,不受力,不参与结构分析,不会在结构规程中显示;而结构柱是受力的,要参与结构分析,会在结构规程中显示。

建筑柱和结构柱的属性是不一样的,创建方法也有所区别(视频 13.1、视频 13.2)。

视频 13.1 建筑柱的创建

13.1.1 建筑柱的创建方法

(1) 选择欲放置柱的标高的平面视图。

(2) 点击"建筑"选项卡,然后点击"柱"→"柱(建筑)"。

(3) 选择柱的族类型。

(4) 在绘图区域,点击欲放置柱的位置,即可放置柱。

注意:建筑柱的常用属性条中"深度"和"高度"是有区别的(图 13.1),并且该设置在不同 Revit 软件版本中的默认设置是不同的。

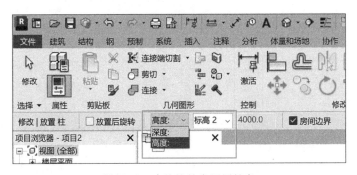

图 13.1 建筑柱的常用属性条

其中,"深度"指常用属性条中的"标高 2"是柱顶部所在的标高,相反,"高度"指常用属性条中的"标高 2"是柱底部所在的标高。

210

如需载入新的建筑柱族,可点击"插入",再点击"载入族",选择"建筑"→"柱",在其中即可找到所需的建筑柱族。

13.1.2 结构柱的创建方法

(1)选择欲放置柱的标高的平面视图。

(2)点击主菜单中的"结构"选项卡,再点击"柱"。

(3)此时,在主菜单中会出现"垂直柱"和"斜柱"的选项,见图13.2。

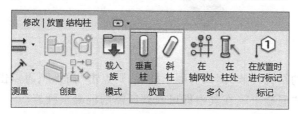

图13.2 垂直柱和斜柱

"垂直柱"的创建方法和建筑柱是一样的,"斜柱"的创建方法则不同。

创建"垂直柱"只需点击1个点,而创建"斜柱"则需要点击两个点,第一个点是柱的起点,第二个点是柱的终点。

选择"斜柱"后,其常用属性条如图13.3所示,可以看到其与"垂直柱"的常用属性条完全不同。其中的"第一次单击"是点击的第一个点(即柱的起点)所在的标高与偏移值,"第二次单击"是点击的第二个点(即柱的终点)所在的标高与偏移值。

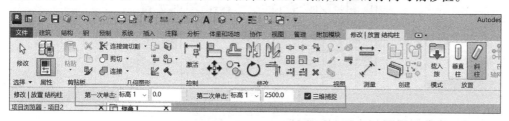

图13.3 "斜柱"的常用属性条

而在绘图区域,点击的两个点之间的距离则表示柱在水平方向的长度。

如图13.4所示,该柱的起点在"标高1",而柱的终点位于"标高1"向上2 500 mm。绘图区域的3 300.0,表示柱水平方向的长度是3 300 mm,其三维显示效果如图13.5所示。

图13.4 "斜柱"的设置

图 13.5 "斜柱"的三维效果图

如需载入新的结构柱族,例如混凝土柱族,则点击"插入",再点击"载入族",选择"结构"→"柱"→"混凝土",在其中即可找到所需的混凝土柱族。

视频 13.3 梁的创建

13.2 梁

梁的创建方法如下(视频 13.3):

(1) 在主菜单中点击"结构"选项卡,再点击"梁",如图 13.6 所示。

图 13.6 选择梁界面

(2) 将楼层平面切换到"标高 2"。

注意:实际工程 CAD 图纸中的"二层梁平面布置图"中的梁,是指二层脚底的楼板标高位置的梁,而不是二层头顶楼板的梁。因为二层平面图是在二层窗的高度处进行剖切然后往下看的,所以看到的是脚底的梁。这一点,初学者常常会理解错误。

(3) 在绘图区域分别点击梁的起点、终点,即可完成梁的放置。

操作中的注意事项:

(a) 如需载入新的梁族,则点击"插入",再点击"载入族",选择"结构"→"框架",在其中即可找到所需的梁族。

注意:梁的族文件夹名称为"框架",这是 Revit 软件英文直译的问题。

(b) 对钢梁,需将视图显示详细程度设置为"中等"或"精细",如图 7.14 所示,否则看不到梁。

13.3 钢　　筋

布置钢筋应注意以下几点：

（1）钢筋只能放置在材质为混凝土的构件上，如结构柱、梁、楼板等。

（2）钢筋需在剖面视图中放置。

（3）剖面必须切到欲放置钢筋的柱、梁上，才可在该柱、梁上放置钢筋。如图13.7中，只有在剖面1中，才可放置被剖切到的该梁的钢筋，只有在剖面2中才可放置被剖切到的该柱的钢筋，剖面3中是无法放置柱、梁的钢筋的。

13.3.1　梁钢筋

梁钢筋的创建方法如下（视频13.4）：

（1）创建一根混凝土矩形梁。混凝土矩形梁的族，在族文件夹（"结构→框架→混凝土"文件夹）中载入。所有梁的族，均在"结构→框架"文件夹中。

（2）创建剖面：点击"视图"选项卡，再点击"剖面"，在绘图区域绘制剖切到该梁的剖面1，如图13.8所示。

视频13.4 梁钢筋的创建

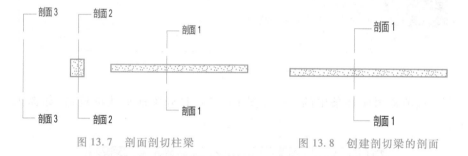

图13.7　剖面剖切柱梁　　　　图13.8　创建剖切梁的剖面

（3）切换到刚刚创建的"剖面1"视图。

（4）在主菜单中点击"结构"选项卡，再点击"钢筋"。此时会弹出如图13.9所示的提示框，点击"确定"。注意：该信息只会出现一次。

（5）若使用的是建筑样板，则会弹出"载入钢筋形状"对话框，如图13.10所示，点击"是"。

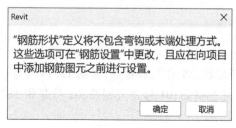

图13.9　钢筋设置提示框

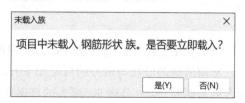

图13.10　"载入钢筋形状"提示框

213

（6）载入钢筋形状族：

（a）选择"结构"→"钢筋形状"文件夹,如图 13.11 所示。

（b）按"Ctrl+A"键,选择全部钢筋形状,点击"打开",此时将载入所有的钢筋形状。此处可能要等待几分钟。

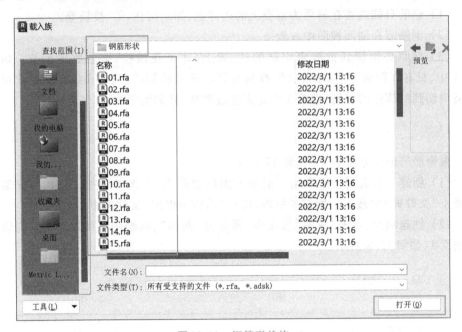

图 13.11　钢筋形状族

（7）点击常用属性条中的"⋯"（图 13.12）,打开钢筋形状浏览器,如图 13.13 所示。

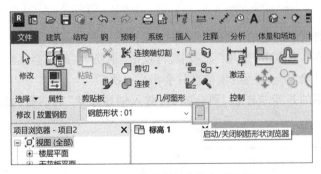

图 13.12　钢筋形状浏览器启动按钮

（8）点击选择所需的钢筋形状,如"钢筋形状:33 号",即箍筋,如图 13.14 所示。

常用的钢筋形状与编号的对应如下:33 号是箍筋;01 号是直钢筋;02 号是带 180°弯钩的直钢筋;05 号是带 90°弯头的直钢筋。

（9）在属性栏的族类型中,选择钢筋的直径、等级,如图 13.15 所示,选择直径为8 mm 的 HRB400 钢筋。

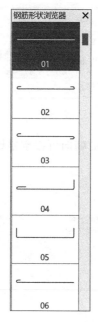

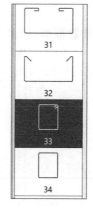

图 13.13 "钢筋形状浏览器"的界面(部分)　　图 13.14 钢筋形状:33 号

（10）在属性栏的"布局规则"中进行属性设置。"布局规则"是用来设定钢筋的数量和间距的，其选项有："单根""固定数量""最大间距""间距数量""最小净间距"，如图 13.16 所示。

"单根"是只放置 1 根钢筋；"固定数量"是放置固定数量的钢筋，比如 6 根；"最大间距"是设置每根钢筋之间的间距尺寸；"间距数量"是可以同时设置钢筋的间距与数量；"最小净间距"是设置每根钢筋之间的最小净间距。

箍筋一般选择"最大间距"，柱、梁纵筋一般选择"固定数量"。比如箍筋选择"最大间距"，间距为 100 mm(图 13.17)，则表示整根梁布置间距为 100 mm 的箍筋。

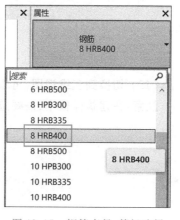

图 13.15 钢筋直径、等级选择

图 13.16 布局规则

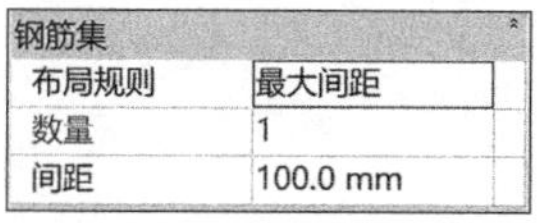

钢筋集	
布局规则	最大间距
数量	1
间距	100.0 mm

图 13.17 "最大间距"设置

（11）在主菜单的"放置平面"中选择"当前工作平面"，"放置方向"中选择"平行于工作平面"，如图 13.18 所示。

图 13.18　"放置方向"与"放置平面"

（12）在梁上放置箍筋,如图 13.19 所示。钢筋的朝向可按空格键进行切换。

图 13.19　放置箍筋

（13）切换到三维视图,可看到钢筋的放置效果,如图 13.20 所示。
注意:在建筑样板中,需要选中梁,才能看到梁中的钢筋。

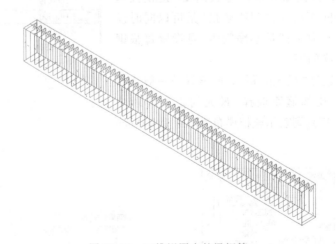

图 13.20　三维视图中的梁钢筋

视频 13.5 柱
钢筋的创建

13.3.2　柱钢筋

柱钢筋的创建方法如下（视频 13.5）：

（1）先创建一根混凝土矩形柱。

（2）在平面视图中,创建该柱的剖面,见图 13.21。

图 13.21 创建柱剖面

（3）转到剖面 1 视图。

（4）放置纵筋,钢筋选择 25HRB400,钢筋形状浏览器编号选择 01,布局规则选择"固定数量",数量为 4,放置平面选择"当前工作平面",放置方向选择"平行于工作平面",然后在梁上点击,即可放置纵筋。

（5）放置箍筋,钢筋选择 8HRB400,钢筋形状浏览器编号选择 33,布局规则选择"最大间距",间距为 100,放置平面选择"当前工作平面",放置方向选择"垂直于保护层",如图 13.22a 所示。然后在柱子上点击,即可放置箍筋,如图 13.22b 所示。

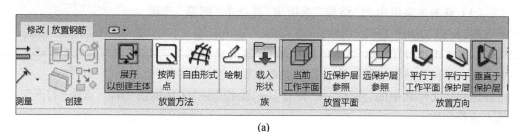

(a)

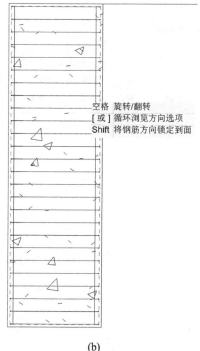

(b)

图 13.22 放置箍筋

（6）最终三维效果如图 13.23 所示。

13.3.3　楼板钢筋

楼板钢筋的创建方法如下(视频 13.6):

(1) 创建一个结构楼板。选择一个楼层平面,在"结构"选项卡下点击"楼板",然后选择"楼板:结构",使用"矩形"绘制模式(图 13.24a),绘制出一个矩形(图 13.24b),最后点击"✔",完成楼板绘制。

(2) 若使用的是建筑样板,此时系统会提示"项目中未载入跨方向符号族。是否要现在载入?"点击"是",然后选择族文件夹下的"注释"→"符号"→"结构"→"跨方向.rfa"族,点击"打开"载入该符号。

(3) 点击主菜单中的"结构"选项卡,再点击"钢筋"选项卡下的"面积",如图 13.25 所示。

(4) 点击选择第一步创建的结构楼板,这时会弹出"项目中未载入结构区域钢筋符号族。是否要现在载入?"点击"是",然后选择族文件夹中的"注释"→"符号"→"结构"→"区域钢筋.rfa",点击"打开",载入该符号族。

(5) 进入绘制钢筋模式。在主菜单选择"线形钢筋","绘制"中选择直线,如图 13.26 所示。

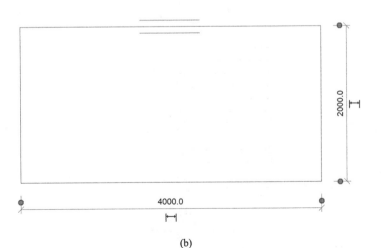

图 13.23　三维视图的柱钢筋

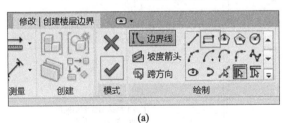

(a)

(b)

图 13.24　矩形楼板绘制过程

图 13.25　"面积"按钮

图 13.26　线形钢筋

（6）按 1、2、3、4、1 的顺序,依次点击矩形楼板的四个角,如图 13.27 所示。

（7）最后点击"✔"确认。

（8）转到三维视图,点击选择楼板,并将视觉样式改为"着色",三维效果如图 13.28 所示。

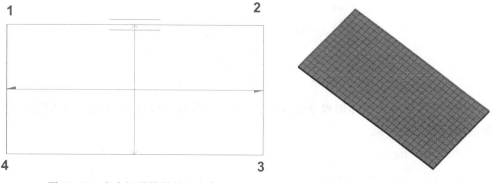

图 13.27　点击矩形楼板的四个角　　　　图 13.28　三维视图的板钢筋

13.3.4　真实钢筋的样式显示

Revit 软件可以显示真实钢筋的样子。

（1）在建筑样板中将梁进行隐藏,让钢筋露出来(图 13.29)。因为要在选中钢筋后才能对其进行样式设置,但 Revit 软件在建筑样板中默认钢筋是选不中的,只能选中钢筋所在的梁和柱,所以要先选择钢筋所在的梁、柱,按"HH"快捷键进行隐藏。

（2）点击选中钢筋。

（3）在属性界面点击"视图可见性状态"旁的"编辑",如图 13.30 所示。

（4）对欲查看的三维视图,例如图 13.31 中的"三维视图",勾选"清晰的视图"和"作为实体查看"。

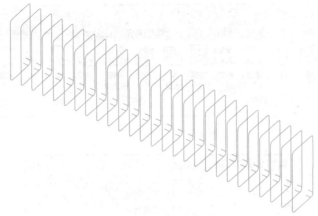

图 13.29　隐藏梁后的钢筋

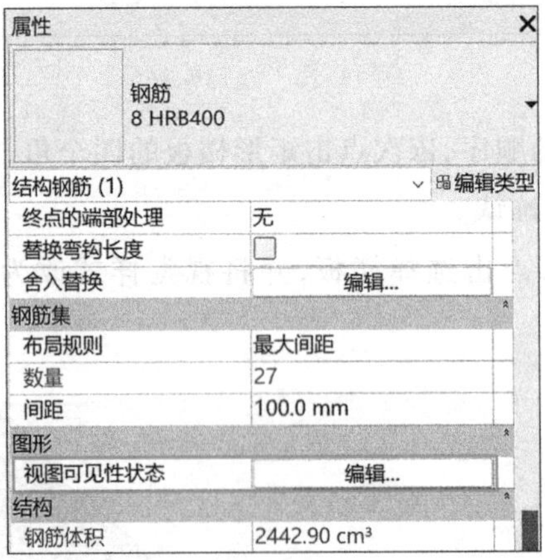

图 13.30　"视图可见性状态"属性

（5）将三维视图的详细程度设置为"精细"，显示模式设置为"真实"，梁钢筋最终效果如图 13.32 所示。

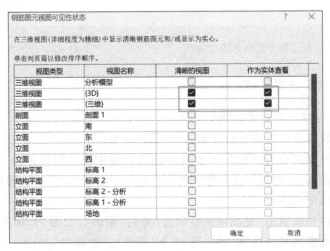

图 13.31　"钢筋图元视图可见性状态"

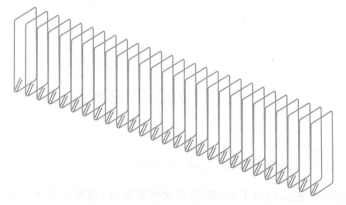

图 13.32 "精细""真实"下钢筋的三维效果

13.4 结构样板与建筑样板的区别

在创建钢筋时,结构样板与建筑样板的区别如下:

(1)结构样板已经载入了钢筋的形状,而建筑样板没有,需要自行载入。

(2)结构样板已设置结构分析模型视图。

13.5 常见问题

13.5.1 梁、柱无法点击选中的问题

有时候,用户会遇到梁、柱无法点击选中的情况,例如在图 13.33 中的"标高 2"平面视图,无法选中梁、柱。原因是:"标高 2"中的"视图范围"底部是"0.0",而用户看到的梁、柱其实在下一层,属于视图属性中的底图显示内容,不在当前视图的可见视图范围,因此无法选中。

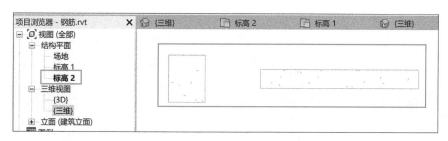

图 13.33 梁、柱无法点击选中的原因

解决方法有两种:

(1)将"标高 2"的"视图范围"的底设置为负值。

(2)点击屏幕右下角的"选择基线图元"图标,使其显示为没有"×"的图标(图 13.34)。

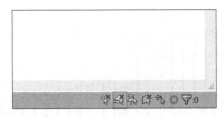

图 13.34　"选择基线图元"

13.5.2　看不到"钢筋形状浏览器"的问题

放置钢筋时,可能遇到看不到"钢筋形状浏览器"的情况。解决方法如下:

点击常用属性条中的"启动/关闭钢筋形状浏览器"按钮(图 13.12),即可打开"钢筋形状浏览器"。

第 **14** 章　链接 CAD 与图纸生成

14.1　链接 CAD

14.1.1　链接 CAD 图纸

在 Revit 软件中,可以将 CAD 图纸链接进来,作为 Revit 软件中的底图(视频 14.1)。用户可以利用该图纸,使用拾取功能,创建墙体、轴网等(视频 14.2)。

操作方法如下:

点击主菜单中的"插入"选项卡,再点击"链接 CAD",然后选择要链接的 CAD 文件,如图 14.1 所示。

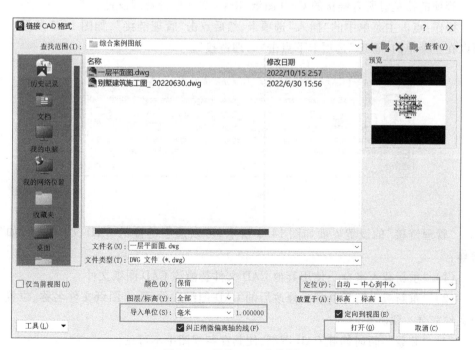

视频 14.1 链接 CAD

视频 14.2 拾取 CAD 轴线生成轴网

图 14.1　链接 CAD 文件界面

223

操作中需要注意:

(1)导入单位要选择 mm。因为实际工程中,除了建筑总图,大部分 CAD 图纸中的单位是 mm。

(2)"定位"用于确定链接的 CAD 图纸在 Revit 模型中的位置,常用有三个选项,如图 14.2 所示。

(a)"自动–中心到中心":是将 CAD 图纸的中心定位到当前 Revit 模型的中心。

图 14.2　定位方式

(b)"自动–原点到内部原点":是将 CAD 图纸的原点定位到当前 Revit 模型的原点。

(c)"自动–通过共享坐标":Revit 软件和 CAD 软件可以定义共享坐标,此选项即为使用共享坐标进行定位。

初学者可以先选择"自动–中心到中心",将图纸链接进来,然后采用移动操作,最终确定 CAD 图纸的位置。

此外,设计院提供的图纸常常将各层平面图放在一个 dwg 文件中,因此将其链接到 Revit 软件后,会将所有的平面图都链接到 Revit 软件中,导致软件运行非常卡顿。因此,建议在 CAD 软件中对图纸进行处理,将各平面图的图纸拆分为一个个单独的 dwg 文件,导入到 Revit 软件时只导入包含用户需要的平面图的 dwg 文件。如此操作后,则不容易出现运行卡顿现象。

14.1.2　管理链接

管理链接是对所有链接的 CAD 图纸、Revit 文件进行管理设置。

操作:点击主菜单中的"插入"选项卡,然后点击"管理链接",如图 14.3 所示。也可以在主菜单的"管理"选项卡下点击"管理链接"。

图 14.3　管理链接

"管理链接"的设置界面如图 14.4 所示,可以选中链接的 CAD 文件,进行如下操作:

(1)"重新载入来自":使用其他 CAD 文件替换该 CAD 图纸文件。

(2)"重新载入":重新载入修改后的 CAD 图纸文件,要求图纸文件名称、位置与原文件完全一致。

(3)"卸载":暂时卸载 CAD 图纸,使其在各视图中不可见。

(4)"删除":删除当前 CAD 文件的链接。

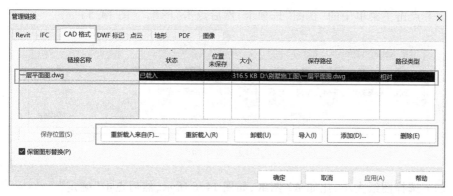

图 14.4 "管理链接"设置界面

14.1.3 项目基点和测量点

在 Revit 软件中有几个非常重要的坐标概念:内部原点、测量点、项目基点、内部坐标系、测量坐标系、项目坐标系。

每个 Revit 模型中都有三个坐标系:

(1)内部坐标系。是 Revit 软件内部的一个不可见的坐标系,其位置是绝对不动的。内部坐标系是 Revit 软件最核心的坐标系,所有模型、其他坐标都是基于该坐标系的。但该坐标值是不可见的,只有采用 Revit API 开发时,才能读取该坐标系的值。

(2)测量坐标系。相当于大地坐标系。

(3)项目坐标系。是当前项目的局部坐标系。

与三个坐标系相对应,Revit 软件中有三个坐标原点:

(1)内部原点。是内部坐标系的原点。

(2)测量点。相当于大地测量点,确定项目在大地坐标系中的绝对位置。这个点是用来和现实世界的坐标系进行关联的。用户将总平面图中原点的大地 X、Y 坐标输入到测量点上时,即表示该测量点已经在现实中的那个位置。

(3)项目基点。相当于整个项目局部坐标系的原点,直接移动时会将模型一同移动。项目基点的值表示项目基点与测量点的距离。

通常,默认三者为一个点,可以在平面视图的"可见性/图形替换"界面将测量点、项目基点进行显示。

14.2 图 纸 生 成

Revit 软件具有生成和导出 CAD 图纸的功能(视频 14.3)。

Revit 软件生成 CAD 图纸的操作,其实是将各个视图,比如平面视图、剖面视图,放置到图纸上。

操作方法为:

视频 14.3 图纸生成

（1）点击主菜单中的"视图"选项卡，然后点击"图纸"（图 14.5）。

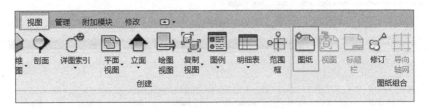

图 14.5　新建图纸

（2）选择图纸大小，比如 A2 图纸，如图 14.6 所示，然后点击"确定"。

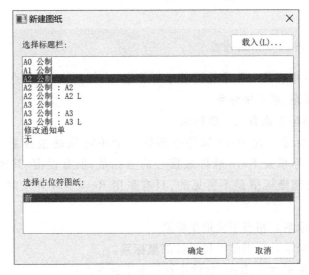

图 14.6　选择图纸大小

（3）点击主菜单中的"视图"选项卡，再点击"视图"按钮。如图 14.7 所示。

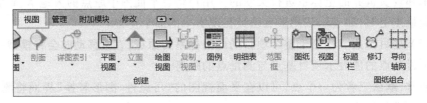

图 14.7　"视图"按钮

（4）此时将弹出当前已有的各个视图，选择欲放置的视图，如"楼层平面：标高 2"，然后点击"在图纸中添加视图"，如图 14.8 所示。

（5）在图纸的合适位置点击，即可将当前视图放置到新建的图纸上，如图 14.9 所示。

（6）点击并按住刚刚放置的视图，同时移动鼠标，可以调整该视图在图纸上的位置。

图 14.8 视图选择

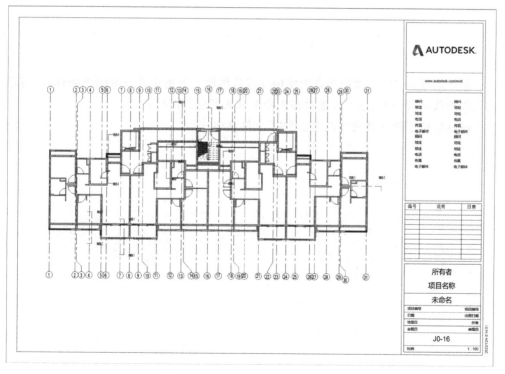

图 14.9 视图放置到图纸后的效果

(7) 点击"文件"→"导出"→"CAD 格式"→"DWG",可将当前图纸导出为"DWG"格式。如图 14. 10 所示。

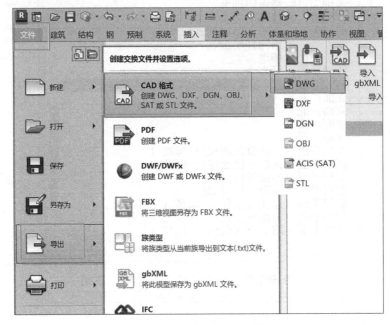

图 14. 10 导出 CAD 文件

14.3 图 框

新建图纸后,Revit 软件会自动使用其默认图框。如果想要修改图框的样式,可以进入图框族进行修改,也可以通过载入命令载入其他的图框。

图框族位于族文件夹中的"标题栏"文件夹中。

第 14 章作业

第 14 章四色
插图

第 15 章 协同操作

建筑工程设计一般涉及五个专业:建筑、结构、给排水、电气、暖通,因此需要五个人参与设计。而对于大型的项目,同一个专业可能需要多个设计人员共同来完成。因此,需要考虑多人同时完成同一项目时各人之间的协作问题。

传统的 CAD 设计软件中,多人之间的 CAD 图纸绘制是孤立的,设计人员要靠语言沟通,才能保证设计的一致性。同时,在日常的工程设计过程中,经常需要大量的、多版次的修改,而一个专业的修改内容如何即时传达到其他专业,这在目前的 CAD 设计中,没有很好的解决手段,主要依靠各设计人员之间的沟通来实现。但这种沟通并非实时的,因此,当前的 CAD 设计图纸常常出现各个专业的图纸版次不一致、没有反映其他专业修改内容的情况,极易出现图纸错误,给工程应用带来不便。

Revit 模型拥有 BIM 的一体化特征,可以将各专业、各设计人员的 BIM 模型集成到统一的 BIM 模型中,从而让各个设计人员能够实时查看其他专业、其他设计人员的 BIM 模型,检查其他专业、其他设计人员的设计内容与自己设计内容的一致性,这就是 Revit 软件的协同操作。

而且,Revit 软件提供了强大的协调查阅功能,可以将每个设计人员的修改及时通知到其他设计人员,从而保证每个设计人员都能及时发现其他设计人员的修改内容,并对自己的设计进行相应调整,从而保证各个设计人员图纸的一致性。

15.1　什么是协同

协同是指多个专业、多个人共同参与,协作完成一个项目,各专业的模型可组合成为一个有机的整体模型。在协作的过程中,可查看其他人、其他专业的最新模型状况。

在使用 Revit 软件进行设计或建模时,利用协同可以实现高效的信息共享,让每个人在构建自己的设计内容时,能够及时发现其他人员的设计修改内容。协同是 Revit 软件与 CAD 软件相比,充分体现 BIM 优势,也非常符合当前复杂工程项目需求的一个强大的功能。

Revit 软件的协同有三种模式:文件链接模式,工作集共享模式,Revit Server 模式。三种模式各有优缺点。

　　文件链接模式是整个项目的模型由多个 Revit 文件组成,通过文件链接将其拼成一个整体。对于初学者,建议采用该模式。这种模式也是目前在国内实际工程中使用最多的模式。这种模式不需要网络条件,也不需要所有人在同一个局域网内,所需要的仅仅是文件的拷贝和链接。

　　工作集共享模式要求所有设计人员在同一个局域网内,以一台计算机上的 Revit 文件作为中心文件,即中心模型,其他计算机通过网络连接到这台计算机,使每个人的工作与中心模型同步。该种模式的最大特点是所有模型都在一个 Revit 文件,即中心文件中,而所有人的设计是在本地机上建立一个中心文件的副本,所有人在该副本上进行工作。该副本与中心文件通过 Revit 软件进行同步。工作集共享模式的缺点是所有设计人员必须在一个局域网内,优点是它能够实现各个工作集的权限限制,防止其他人进行更改。此外,经实践发现,由于中心模型文件的更新本质上是所有人的 Revit 软件对该文件的硬盘读写操作,所以中心模型文件最好放置到固态硬盘(SSD 硬盘)上,不要使用机械硬盘,否则同步更新过程会非常慢,且多人同时同步更新容易出现卡顿、死机的情况。

　　Revit Server 模式在国内使用较少。它的中心文件放置在欧特克的服务器上,但是欧特克的网站在国外,所以在国内使用有网络速度慢的问题。

15.2　三种协同模式的实现方式与特点

1. 文件链接模式

　　文件链接模式将各个专业的模型或模型的各个部分分别保存为一个独立的 Revit 文件,所有文件通过链接的方式组合成一个统一的模型文件,如图 15.1 所示。

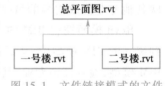

　　文件链接模式的特点:操作比较简单,没有权限控制功能,没有网络条件限制,协同时只需文件的拷贝与链接。

图 15.1　文件链接模式的文件

　　文件链接模式中各专业的模型是一个或多个单独的文件,通过共同的坐标设定整合成为一个整体模型。

　　文件链接模式的协同可以是多个专业之间的协同,也可以是一个专业的各个部分之间的协同。如:一个小区,可以将每个单体的建筑模型作为一个文件;一幢楼,可以将每层作为一个文件。

　　采用文件链接模式进行操作时,最容易出现的问题是各个文件的坐标不一致。所以在进行 Revit 设计之前就要进行坐标系的总体制定,要保证每个文件的坐标系是统一的,才能确保各自相互位置的准确性。

2. 工作集共享模式

　　工作集共享模式以工作集的方式实现共享,即每个专业各自设置为一个或多个工作集,所有工作集均集成于一个总的中心模型文件中,如图 15.2 所示。

　　特点:具有较好的权限控制功能,中心模型文件较大,所有人员需在同一个局域网内。

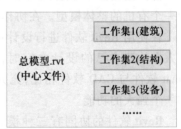

图 15.2　工作集与中心模型

15.3 文件链接模式的操作

以下演示一个包含两幢建筑的项目,采用文件链接模式进行协同的操作方法(视频 15.1)。

1. 创建总图模型(主要是轴网、标高)

(1)新建文件,创建轴网、标高,如图 15.3 所示。

图 15.3　总图

(2)保存 Revit 文件,命名为"总图.rvt"。

(3)关闭该 Revit 文件。

注意:必须关闭"总图.rvt",否则后面的链接操作无法完成。

2. 以 Revit 总图为基础,建立左边建筑的 Revit 文件

(1)将"总图.rvt"复制出一个新文件,命名为"左边.rvt"。

注意:这里的操作是将总图进行复制,而不是新建一个 Revit 模型,原因就是上节所讲到的坐标统一问题。将"总图.rvt"进行复制生成"左边.rvt",可以保证"总图.rvt"和"左边.rvt"的坐标是完全一致的。

(2)在 Revit 软件中,打开"左边.rvt"文件。

(3)在①、②轴线之间绘制墙体、门窗等,作为左边建筑的模型,完成后的模型如图 15.4 所示。

(4)保存模型。

(5)关闭文件。

3. 以 Revit 总图为基础,建立右边建筑的 Revit 文件

(1)将"总图.rvt"复制出一个新文件,命名为"右边.rvt"。

(2)在 Revit 软件中,打开"右边.rvt"文件。

(3)在③、④轴线之间绘制墙体、门窗等,作为右边建筑的模型,完成后的模型如图 15.5 所示。

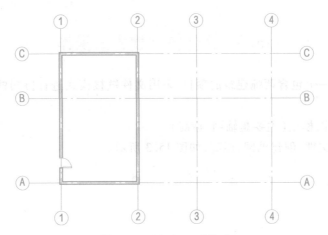

图 15.4　"左边.rvt"模型

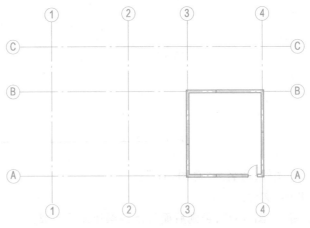

图 15.5　"右边.rvt"模型

（4）保存模型。

（5）关闭文件。

4. 将模型整合为一个整体模型

（1）打开"总图.rvt"。

（2）点击"插入"选项卡,再点击"链接 Revit",如图 15.6 所示。

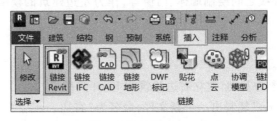

图 15.6　链接 Revit

（3）选择"左边.rvt"文件,定位选择"自动-内部原点到内部原点",然后点击"打开"。"左边.rvt"文件即链接到本 Revit 文件中了。如图 15.7 所示。

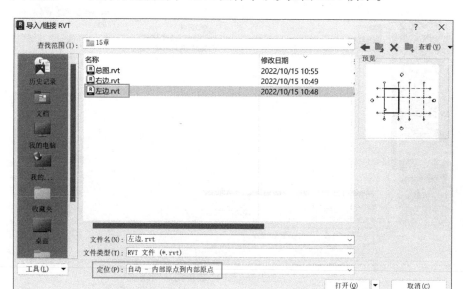

图 15.7 "左边.rvt"文件链接到总图模型

注意,链接时,定位必须选择"自动-内部原点到内部原点",即以"左边.rvt"文件中的原点坐标和"总图.rvt"文件中的原点坐标重合的方式进行链接。因为我们前面是将"总图.rvt"复制生成的"左边.rvt",所以两者的内部坐标原点是一致的。

"左边.rvt"文件链接完成后的效果如图 15.8 所示。

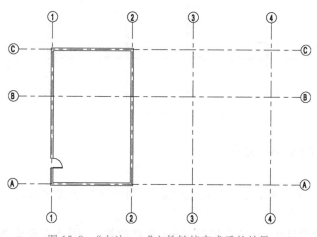

图 15.8 "左边.rvt"文件链接完成后的效果

(4)将"右边.rvt"文件以同样的方式链接到总图文件中,如图 15.9 所示。注意,链接时,定位方式同样必须选择"自动-内部原点到内部原点"。

(5)链接完成后的图形如图 15.10 所示。可以看到,两个模型以精准的位置链接成了一个整体文件。

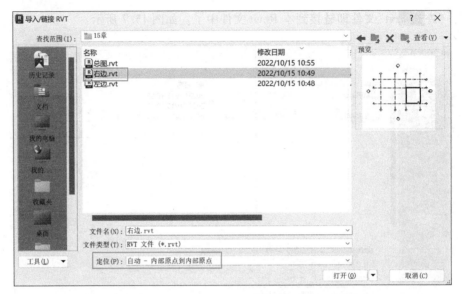

图 15.9　"右边.rvt"文件链接到总图模型

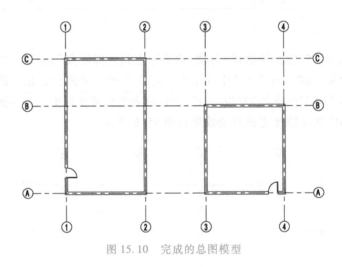

图 15.10　完成的总图模型

（6）保存"总图.rvt"文件。

15.4　文件链接模式的文件更新问题

在实际工程设计中,会经常进行 Revit 文件的修改,因此需要将各设计人员修改后的文件及时更新到总图模型中。

文件链接模式下,文件的更新分为自动更新和手动更新两种方式。两种更新的操作方式各有不同。

（1）自动更新。若"左边.rvt"文件或"右边.rvt"文件更新了,可以不需要重新建立链接,只需将"总图.rvt"关闭后,用新的"左边.rvt"文件或"右边.rvt"文件覆盖旧的文件,然后重新打开"总图.rvt",即会自动读取新的"左边.rvt"文件或"右边.rvt"文件,进行自动更新。

（2）手动更新。操作方法为:点击"管理"选项卡,再点击"管理链接",如图 15.11所示。然后在弹出的窗口中点击"Revit"选项卡,再点击选择"左边.rvt"文件,然后点击"重新载入"（图 15.12）,"左边.rvt"文件中的更新内容即可显现。

说明,图 15.12 中各按钮的作用与链接 CAD 文件时的操作相同,见 14.1.2 节。

图 15.11　管理链接

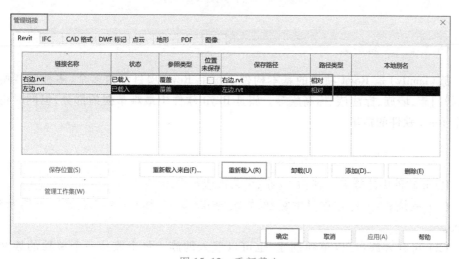

图 15.12　重新载入

第 15 章作业

第 15 章四色
插图

235

第 **16** 章　族的制作

16.1　族的相关概念

16.1.1　族的定义

族(family)是 Revit 项目的基本构件。每个 Revit 项目都由多个、多种的族所组成,如门族、墙族、标注族、标高族等。族是 Revit 软件中最难掌握的部分,但同时也是整个 Revit 软件的精华。

16.1.2　族的种类

Revit 软件中的族有三种:系统族、可载入族与内建族。

(1)系统族:只能在项目中复制、修改的族(如墙、楼板、天花板等),不能新建、载入。

(2)可载入族:可以单独创建、也可以载入的族。每个族是一个单独的族文件(rfa 格式)。可载入族是最常用的族,如柱、梁、门窗等。

(3)内建族:只能在当前项目中使用的族。

Revit 2023 中族的文件路径为:C:\ProgramData\Autodesk\RVT 2023\Libraries\Chinese.

16.1.3　族与 CAD 块的区别

Revit 族和 CAD 块是非常相似的,但是 Revit 族可以通过修改参数进行尺寸、形状的改变,而 CAD 块则无法实现。

16.2　族　的　构　成

16.2.1　族的构成部分

Revit 族由六部分构成:

（1）族类别。表示该族所属的类别。

（2）三维模型。表示族的三维实体部分。

（3）参数。可以使用参数改变族的尺寸、材质等。

（4）参照平面。是族中的基准面，用于确定族放置到项目中的基点，以及族因参数变化而产生尺寸变化的基准面。

（5）标注。模型的尺寸标注。标注可以与参数绑定，从而实现标注与参数的联动。

（6）族类型。同一个族因参数不同而衍生出的不同类型。

可以从 Revit 族的创建界面认识族的构成。如图 16.1 所示，中间是绘图区域；左上角是"族类别"，用以设置族的类别。需要设置族类别的原因是：如果图中绘制了一个方框，那么这个方框是一根柱，还是一个桌子，或是一个电视机，计算机是不知道的，所以需要定义族的类别。同时，定义族类别后，在项目中使用该族时，就可以确定使用哪个功能按钮进行创建。例如族类别为窗时，则需使用主菜单中的"窗"进行放置。

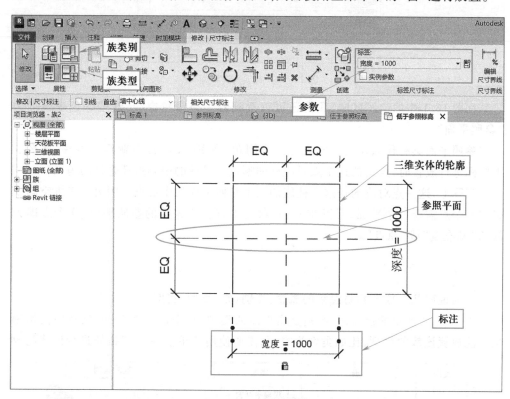

图 16.1　族的创建界面

点击"族类型"按钮（图 16.2），可以通过定义不同参数来生成不同的族类型，这是 Revit 族最大的特点，即可以通过不同的参数创建不同的族类型。比如可以通过修改门窗的"高度"参数和"宽度"参数，获得不同的门窗类型。

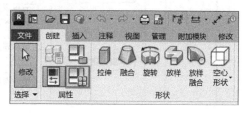

图 16.2　"族类型"按钮

图 16.3 是点击"族类型"后出现的界面,上部是编辑或创建"族类型"名称的区域,下部则显示了该族的各个参数,也可以使用最下面一排按钮添加或删除参数。在 Revit 族中,参数是一个非常重要的概念。

图 16.3　"族类型"界面

在图 16.1 中的绘图区域,我们还可以看到若干条绿色虚线,这些绿色虚线即为"参照平面"。

参照平面具有什么作用呢? 设想一个问题:在 Revit 项目中新建一根柱,那么点击鼠标进行放置时,点击的这个点对应柱的哪里? 是柱的中心点还是柱的角点?

实际上,这一点对应的是这个柱族的三个参照平面的中心点。因为在三维空间中确定一个点需要三个平面,所以在 Revit 项目中有三个这样的参照平面,这个点即为族的"基准点"或"原点"。

16.2.2　类别、族、类型、实例之间的关系

下面说明几个族中容易混淆的概念:类别、族、类型、实例。

以图 16.4 所示的窗为例,类别是指物体的类别,用来确定在 Revit 项目中使用哪项功能放置该族的模型,比如类别为窗,则需要使用菜单上的"窗"按钮进行该族的放

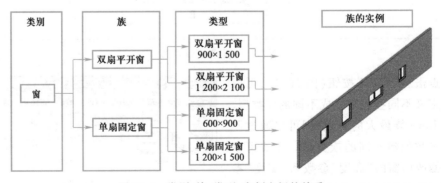

图 16.4　类别、族、类型、实例之间的关系

置;窗可以有很多个族,比如有单扇窗或双扇窗,如图 16.4 所示"族"中的双扇平开窗、单扇固定窗,每一个都是一个族;而每个族可以有不同的类型,比如窗有不同大小,则可以创建出不同大小的窗,即不同类型的窗,如图 16.4 所示"类型"中有 900×1 500、1 200×2 100 的窗;最后,将该类型的窗创建到 Revit 项目中,这些大家能看到的窗即为族的实例。

16.3 族的创建流程

族的创建分为六个步骤(视频 16.1):

(1) 选择族模板;

(2) 选择三维模型的创建方式;

(3) 创建路径和轮廓;

(4) 对路径和轮廓进行标注;

(5) 建立参数,并把标注与参数绑定;

(6) 定义族类别。

16.3.1 选择族模板

在菜单栏中点击"文件"→"新建"→"族",然后进入选择模板界面,选择"公制常规模型.rft"(图 16.5)。

(a) 新建族

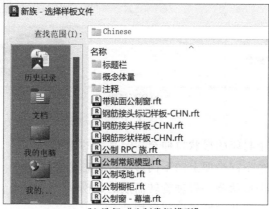

(b) 选择"公制常规模型"

图 16.5 公制常规族的创建

视频 16.1 族的创建

族模板的文件路径为：C：\ProgramData\Autodesk\RVT 2023\Family Templates\Chinese.

"公制常规模型"是我们最常用的族模板，但也可以按照需求选择合适的模板。选择族模板之后，就会进入创建族的界面。

16.3.2　选择三维模型的创建方式

Revit 软件提供了五种族的三维模型建模方式，如图 16.6 所示。几乎所有的三维建模软件，包括 3ds Max、Maya 等，也包括 CAD 里的三维创建，基本都采用这五种创建方式。

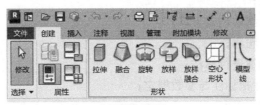

(a) 按钮界面

建模方式	草图轮廓	模型样式
拉伸		
融合		
旋转		
放样		
放样融合		

(b) 图形说明

图 16.6　族的五种三维模型建模方式

（1）拉伸：将一个封闭的形状拉伸至指定高度的建模。

（2）融合：将两个不同平面上的不同形状进行融合建模。

（3）旋转：将一个形状绕一根轴旋转而成的建模。

（4）放样：将一个形状按照指定路径拉伸。

（5）放样融合：将两个不同轮廓沿着指定路径进行融合。

如果模型很复杂,单靠一种方式做不出来,则可以将几种方式组合起来使用,有的位置使用拉伸创建,有的位置使用融合创建。

图16.6a中方框内最后一个按钮叫作"空心形状",可用来创建一个空心模型。空心模型可以对五种方式所创建的模型进行剪切操作,也就是说实体模型中与空心模型重合的区域会被剪切掉。

16.3.3 创建路径和轮廓

以下以"放样"方式为例,讲解三维模型的创建。放样包含两大步骤:绘制放样路径与绘制轮廓。注意:每个大的步骤完成后,均需点击"✔",才能退出本步骤,进行其他操作;两大步骤都完成后,需再次点击"✔",完成放样操作。

1. 绘制放样路径

(1) 选择前立面视图。

(2) 点击"创建"选项卡,再点击"放样",进入放样操作(图16.7)。

(3) 进入放样的绘制界面,菜单的右上角会出现"修改|放样"(图16.8)。

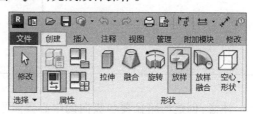

图16.7 创建放样

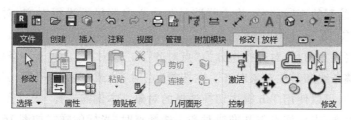

图16.8 "修改|放样"界面

(4) 点击"绘制路径"(图16.9),进入路径绘制界面。

图16.9 "绘制路径"按钮

(5) 进入路径绘制界面后,界面上部为"修改|放样>绘制路径"(图16.10)。

图16.10 绘制路径操作界面

（6）绘制路径（图 16.11）。

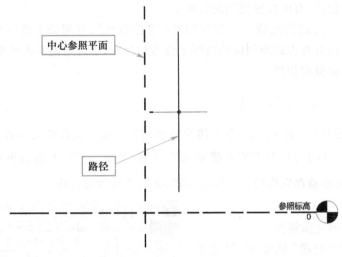

中心参照平面

路径

参照标高

图 16.11　绘制路径

注意：创建的路径要与竖向的中心参照平面平行。

（7）点击菜单栏的"对齐"按钮（图 16.12a），然后点击选择中心参照平面作为基准线，再点击绘制的直线路径，将直线路径与中心参照平面进行对齐，对齐后会出现"未锁定"标志（图 16.12b）。

这里需要注意的是：对齐操作分为"点对齐"和"线对齐"。对于一条线，我们可以选一个点或整条线和其他对象对齐。在选择"点对齐"或"线对齐"时，光标选取的样式是不一样的，可以使用 Tab 键去切换选择的对象。本例需选择"线对齐"。

（a）点对齐：表示该点与基准线对齐。选择点时，光标的样式如图 16.13 所示。

（b）线对齐：表示线段与基准线对齐。选择线时，光标的样式如图 16.14 所示。

（8）点击"🔓"（"未锁定"）标志后，将该直线路径与中心参照平面进行锁定，标志会变成"🔒"（"锁定"）。"锁定"标志表示不论族的参数如何变化，该路径与中心参照平面均保持位置一致（图 16.15）。

（9）对路径进行标注。点击"注释"选项卡，再点击"对齐"，然后分别选择路径的两个端点，对路径进行标注（图 16.16）。或者也可以使用将临时尺寸转换为永久尺寸的方式进行标注：选择路径，临时尺寸会在界面中显示，点击临时尺寸上的标注图标，即可将其转换为永久尺寸。

（10）创建参数，并将参数与路径的尺寸标注绑定。

如图 16.17a 所示，选择上一步中的标注尺寸，然后点击主菜单中"标签"旁的"🗒"（"添加参数"）按钮，见图 16.17b。

此时，会进入添加参数的界面（图 16.18），在该界面输入参数的名称"高度"，并选择参数类型"类型"，最后点击"确定"。该操作会把路径的尺寸标注和这个参数绑定在一起，即二者之间是联动的。

(a) "对齐"按钮

(b) 将直线路径与中心参照平面对齐

图 16.12 直线路径对齐

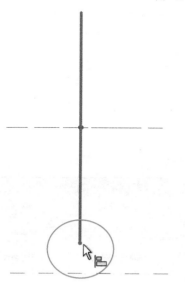

图 16.13 点对齐

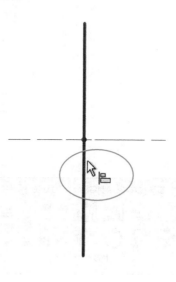

图 16.14 线对齐

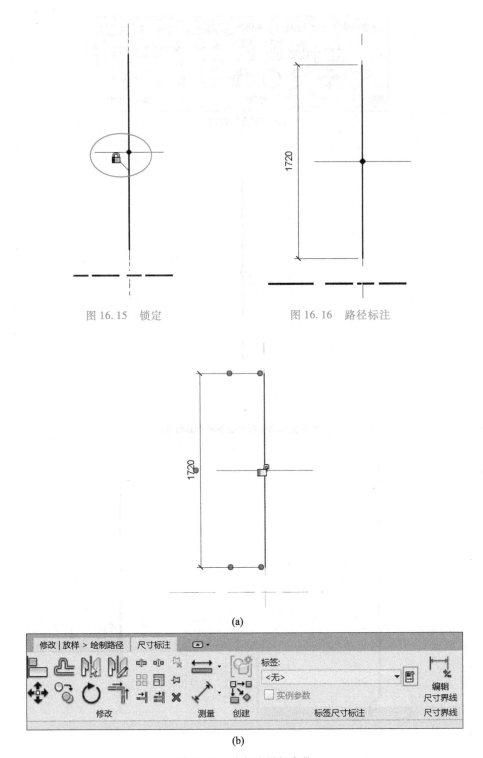

图 16.15　锁定　　　　　　　　　　　图 16.16　路径标注

(a)

(b)

图 16.17　为标注添加参数

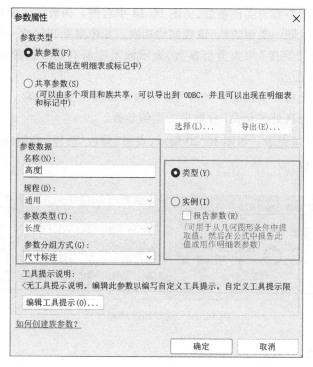

图 16.18　添加参数的界面

设置完成后,可以点击"族类型"按钮(图 16.19a),在"族类型"中查看已经添加的参数(图 16.19b)。

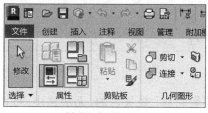

(a)"族类型"按钮

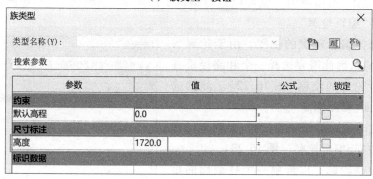

(b) 族参数

图 16.19　查看已经添加的参数

参数分为类型参数与实例参数,见图 16.18 中右侧。两者的区别是:

类型参数表示同一类型的族,该数据均相同。如单扇平开门的一种类型 700 mm×2 100 mm,"宽度""高度"均为类型参数,表示该类型所有门实例的宽度和高度都是 700 mm×2 100 mm。

实例参数表示每个实例的数据均可以单独修改而不互相影响。如一种类型的窗可以放在不同的标高处,"标高"参数即为实例参数。

(11)路径创建完成。如图 16.20 所示,点击"修改|放样>绘制路径"中的"✓",表示路径创建完成。

图 16.20　放样路径绘制完成

2. 绘制轮廓

(1)在路径绘制完成以后,即可编辑轮廓。如图 16.21 所示,此时菜单处于"修改|放样"状态,点击"编辑轮廓"。

图 16.21　"编辑轮廓"

此时要注意,如果"编辑轮廓"是灰色的,无法选中,可以先点击"选择轮廓"(图 16.21),再点击"编辑轮廓",就可以进行编辑了。如果"编辑轮廓"不是灰色的,则可以直接点击"编辑轮廓"。

(2)选择编辑轮廓的视图。由于轮廓与放样路径垂直,因此需要选择一个和路径垂直的视图进行轮廓的绘制(图 16.22)。此例选择"楼层平面:参照标高"。

(3)此时进入编辑轮廓模式,界面上部显示"修改|放样>编辑轮廓"(图 16.23)。

(4)绘制轮廓。以绘制一个柱截面的矩形轮廓为例,在绘图区域绘制一个矩形,如图 16.24 所示。

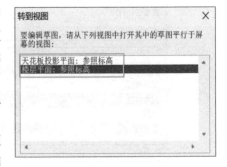

图 16.22　视图选择

图 16.23　编辑轮廓界面

（5）对轮廓进行连续操作，并采用等分操作实现柱子截面的对称。

（a）尺寸标注：

使用连续标注功能进行标注。点击菜单中的"注释"，再点击"对齐"，然后依次点击轮廓的左边竖线、竖向的参照面线、轮廓的右边竖线，最后选择放置尺寸标注的位置，结果如图 16.24 所示。

注意：这里一定要使用连续标注功能，否则无法使用后续的等分操作。

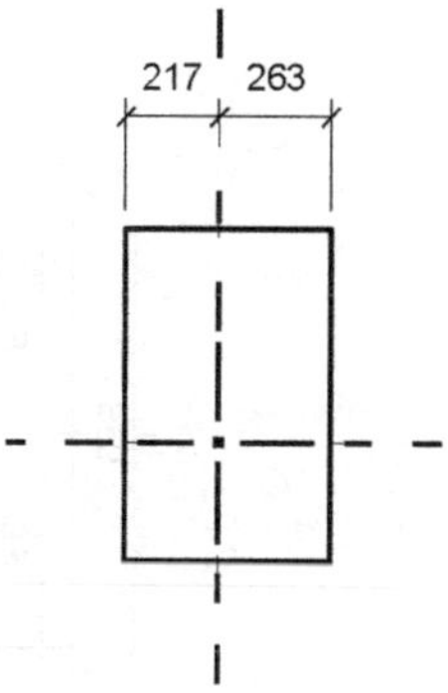

（b）等分尺寸标注：

我们希望柱的轮廓截面沿竖向的参照平面对称，可以采用等分尺寸标注实现该功能。

图 16.24　绘制矩形轮廓
及连续尺寸标注

在上一步的连续尺寸标注后，选择生成的尺寸标注时，会出现"EQ"标志（图 16.25a），点击"EQ"后，该连续尺寸标注将会等分，从而柱轮廓会沿竖向参照平面对称放置（图 16.25b）。

对矩形轮廓的另一条边进行同样的标注操作（图 16.25c）。

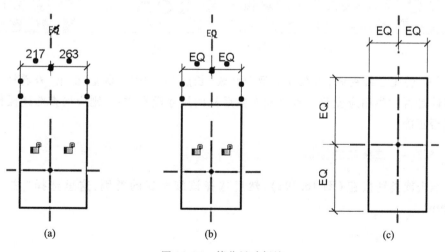

图 16.25　等分尺寸标注

（6）因为我们需要为柱设置两个参数，分别是柱的截面宽度和截面高度，所以要标注该轮廓的宽度和高度，并将两个标注分别与两个参数进行绑定，从而实现参数修改,即可修改柱轮廓的尺寸。

对轮廓的两个边进行尺寸标注,结果如图 16.26a 所示。然后创建类型参数"长度""宽度",将两个尺寸分别绑定到该参数上(图 16.26b),操作方法同创建路径一节中的创建参数。

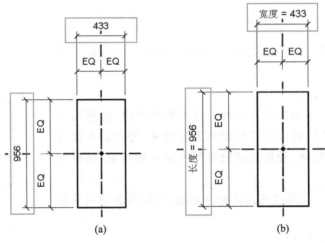

图 16.26　标注参数创建

(7) 点击"✔",完成轮廓编辑(图 16.27)。

(8) 完成以上步骤后,再点击新出现的"✔",表示整个放样操作完成(图 16.28)。

图 16.27　编辑轮廓完成

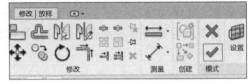

图 16.28　放样操作完成

(9) 转至三维视图,再在族类型中修改"长度""宽度""高度"的值,查看柱的三维实体是否发生相应变化。若修改参数后柱的尺寸没有改变,则应检查前述操作步骤是否正确。

16.3.4　选择族的类别

点击族类别按钮(图 16.29a),然后选择该族所属的类别,这里选择"柱"(图 16.29b)。

16.3.5　保存族

点击菜单左上角的"文件",然后点击"保存",选择保存路径,如图 16.30 所示,输入族名称,如"自制柱子"。

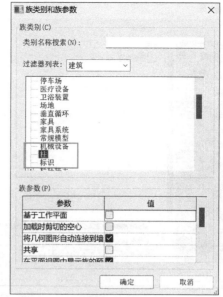

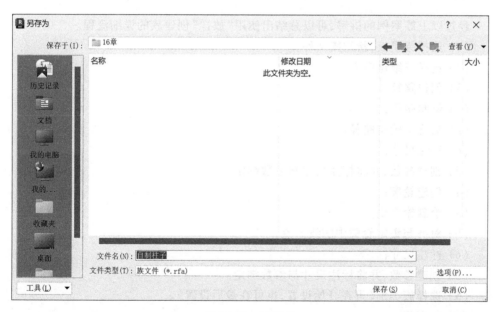

(a) 族类别

(b) 选择族类别为柱

图 16.29　族类别和族参数的选择

图 16.30　保存族

16.3.6　载入族

新建一个 Revit 项目文件,在其中载入族,找到刚刚建立的族文件"自制柱子.rfa"(图 16.31),即可使用该族,放置该族的实例。放置时,因该族的族类别被设置为柱,所以使用菜单上的"柱"按钮进行放置。

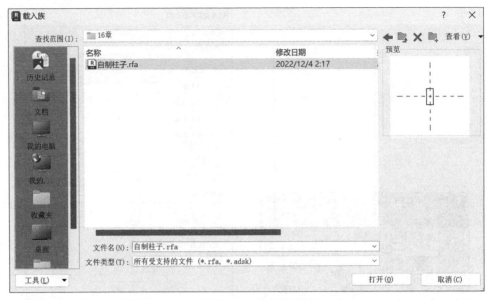

图 16.31 载入族

16.3.7 族的创建流程总结

经过以上族案例的讲解,可以总结出使用"放样"创建族的详细流程。

(1) 选择族模板,新建族文件。

(2) 选择三维建模方式。

(3) 创建路径:

(a) 绘制路径;

(b) 对齐与锁定路径;

(c) 标注尺寸;

(d) 创建参数,并将标注尺寸与参数绑定。

(4) 创建轮廓:

(a) 绘制轮廓线;

(b) 对齐与锁定轮廓中的线或点;

(c) 标注尺寸;

(d) 创建参数,并将标注尺寸与参数绑定。

(5) 选择族类别(可在开始设置,也可在最后设置)。

(6) 保存族。

16.4 参照平面、是参照与工作平面

16.4.1 参照平面

参照平面是 Revit 软件中的一种定位辅助工具,是一个定位参考平面,主要用来

为族提供建模的定位基准位置;同时,建族时,常常需要将三维实体的轮廓或路径与参照平面建立绑定关系,从而实现驱动三维实体位置、尺寸修改的功能。

我们新建一个族文件,看一下参照平面。点击"文件"→"新建"→"族",打开"选择样板文件"对话框,选择"公制常规模型.rft"族样板文件,单击"打开",进入族编辑界面,默认的视图为"楼层平面:参照标高"。观察该视图,可以看到有两个参照平面,即图16.32a中的"中心(前/后)""中心(左/右)",然后转至立面视图,可以看到有一个"参照标高"(16.32b)。

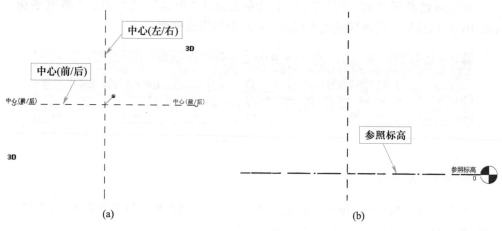

图16.32 三个基准面

Revit软件的族至少有两个平面方向的参照平面和一个高度方向的参照标高。图16.32a所示为平面方向的两个参照平面:"中心(前/后)""中心(左/右)",参照平面"中心(前/后)"指前后的中心线,参照平面"中心(左/右)"指左右的中心线。

基于三维空间中三个面确定一个点的几何原理,"中心(前/后)""中心(左/右)"参照平面和"参照标高"这三个面,就确定了三维空间中的一个点,这个点就是族的最基准定位点。

在Revit项目文件中使用族时,比如柱族,放置柱时鼠标所点击的点即为这三个面的交点。也就是说,这个交点是Revit族在Revit项目文件中的定位基准点。因此,Revit族中的其他所有内容都通过与这三个面建立相对位置关联,从而确定自身在Revit项目文件中的绝对位置。

在Revit族中,这三个面的位置始终是不动的,不随任何参数变化而变化。因此我们在建立族时,所建立的三维实体的各个部分都要通过直接或者间接的位置关联,包括标注参数绑定、对齐锁定、居中等操作,与这三个面建立位置关联关系。只有这样,Revit软件才能通过三维实体各个部分与这三个面的相对位置关联关系,确定三维实体各个部分之间的相互位置关系,并确定各个部分在Revit项目中的绝对位置。当族参数的值无变化时,其作用不明显。但是Revit族的最大特征就是参数化,即参数变化后,三维实体各个部分的位置、大小都要随之发生相应的变化。只有将各个部分与这三个基准面建立直接或间接的位置关联,才能确保其变化是有规律的,是符合预期的。

　　如果族中的某个部分没有建立关联,那它就是孤立的。当参数变化后,其变化很可能不是我们想要的效果,因为它没有一个始终不动的基准点,所以它的变化是无法预测的。

　　因此,我们在创建族时,要始终记得将创建的三维实体的各个部分与三个基准面建立位置关联,可以是直接关联,也可以是间接关联。初学者建族时常常没有领悟该原则,导致建族时容易出现以下问题:修改参数的值后,族的三维模型不发生改变,或者发生的改变与预期不一致等。

　　可以新建参照平面,方法是:在主菜单上点击"创建",之后点击"参照平面"(图 16.33),然后在视图区域点击起点、终点,即可完成创建。

图 16.33　创建参照平面

16.4.2　是参照

　　点击图 16.32a 中的"中心(左/右)"参照平面,在属性栏可以看到属性"是参照",其值为"中心(左/右)",如图 16.34a 所示。

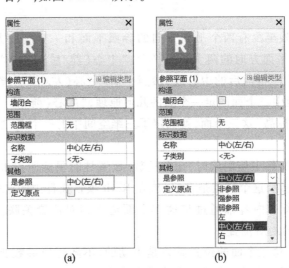

(a)　　　　　　　　　(b)

图 16.34　"是参照"属性

　　"是参照"选项的值包括:非参照、强参照、弱参照、左、右、前、后、底、顶、中心(左/右)、中心(前/后)、中心(标高)(图 16.34b)。"是参照"选项用于在项目中使用该族后,进行尺寸标注时,是否可以捕捉到这些参照平面位置,以及捕捉的强弱。其中各值的含义如下:

　　(1)"非参照"代表不可捕捉。

（2）"强参照"代表可以直接捕捉。

（3）"弱参照"代表需要使用 Tab 键切换到该参照平面上，才能捕捉。

（4）"前""后""左""右""底""顶""中心（左/右）""中心（前/后）""中心（标高）"：这几个参照是特殊的强参照，代表物体的中心线和边界，也是可以直接捕捉的。

参照平面"前"与"后"的位置代表前后方向的边界位置，参照平面"左"与"右"的位置代表左右方向的边界位置，参照平面"顶"与"底"的位置代表高度方向的边界位置，参照平面"中心（标高）"代表高度方向的中心。"顶""底""中心（标高）"在族中，也可以用标高代替其实现定位功能。

"非参照""强参照""弱参照"不用于表示边界，仅用于表示捕捉的强弱。

我们新建一个族文件，看一下前、后、左、右这 4 个参照平面。点击"文件"→"新建"→"族"，打开"选择样板文件"对话框，选择"公制柱.rft"族样板文件，单击"打开"，进入族编辑界面。

在该新建族的平面视图中，可以看到已有 6 个参照平面（图 16.35a），中间的两个是前面讲述的"中心（前/后）""中心（左/右）"，四周的 4 个参照平面，即为"前""后""左""右"参照平面。

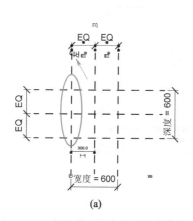

(a)

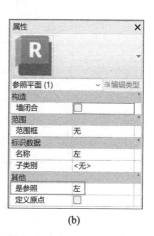

(b)

图 16.35 参照平面

在图 16.35a 中点击最左边的参照平面，然后在属性中可以看到其"是参照"属性为"左"（图 16.35b）。同时，可以看到"名称"属性为"左"，该名称仅仅用于在选中或捕捉时，会弹出提示，如在图 16.35a 中选中左参照平面时，箭头所指位置会出现"左"字。

16.4.3 工作平面

设置工作平面的作用是在绘制二维轮廓、路径时，确定轮廓、路径所在的平面。

因为 Revit 软件的族是三维空间的，因此，当我们在一个视图中绘制一个轮廓时，由于视图是二维的，因此，虽然该轮廓在该视图上的平面位置是确定的，但是在垂直于该视图的方向上，其位置是不确定的。无论其放置在垂直于该视图方向上的任何位置，在视图上都是一样的，是反映不出来的。

正如,你闭上一只眼睛,把一根手指伸到眼前,当你在空间中用手指点一个位置时,那么此时你的眼睛是无法判断点击的这个点在三维空间中的确定位置的。因为,你的手指在你的眼睛与指尖的连线上进行移动,在你的眼睛看起来都是一样的。设置工作平面的作用就是要确定你的指尖所在的纵深。设置一个工作平面,就相当于确定了视图纵深方向(垂直于视图方向)的深度位置。

工作平面的设置方法:

在主菜单中单击"创建"→"设置"→"设置工作平面"(图 16.36a),出现如图 16.36b 所示界面,有三种指定新的工作平面的方法,即"名称""拾取平面""拾取线并使用绘制该线的工作平面"。

(a)　"设置工作平面"按钮

(b)

图 16.36　设置工作平面

选择"名称",即指定某个参照平面、标高等作为工作平面;"拾取平面"指拾取某个三维实体的面作为工作平面。如果需要在某个物体的斜平面上进行建模,"拾取平面"的功能就非常有用。

16.4.4　L 形异形柱族的创建

下面以 L 形异形柱族的创建为例,讲解参照平面、是参照、工作平面在族中的作用。

(1)新建一个族文件。点击"文件"→"新建"→"族",打开"选择样板文件"对话框,选择"公制常规模型.rft"族样板文件,单击"打开",进入族编辑界面,默认的视图为"楼层平面:参照标高",此时界面如图 16.32a 所示,包含"中心(前/后)""中心(左/右)"两个参照平面。

(2)单击"族类别",打开"族类别和族参数"界面,如图 16.37 所示,将族类别设置为"结构柱"。

图 16.37 设置族类别

（3）创建"前""后""左""右"参照平面，即图 16.38a 中箭头所指向的 4 个参照平面。

点击选中最下面的参照平面，将"是参照"属性设置为"前"（图 16.38b）；同样，将最上面的横向参照平面的"是参照"属性设置为"后"，将最左边的竖向参照平面的"是参照"属性设置为"左"，将最右边的竖向参照平面的"是参照"属性设置为"右"。

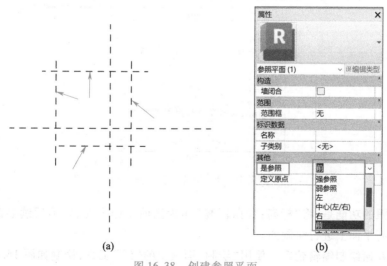

(a)   (b)

图 16.38 创建参照平面

（4）对参照平面进行标注，并建立参数"长度""宽度""厚度 1""厚度 2"与标注绑定，结果如图 16.39 所示。

（5）点击"创建"选项卡,再点击"拉伸"（图16.40a）,进入"修改|创建拉伸"选项卡（图16.40b）。

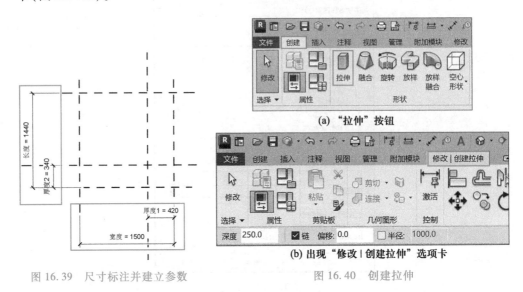

图 16.39　尺寸标注并建立参数

(a) "拉伸"按钮

(b) 出现"修改|创建拉伸"选项卡

图 16.40　创建拉伸

（6）点击主菜单中的"设置工作平面"（图16.41a）,弹出"工作平面"界面,选择"标高:参照标高"作为工作平面（图16.41b）,点击"确定"。

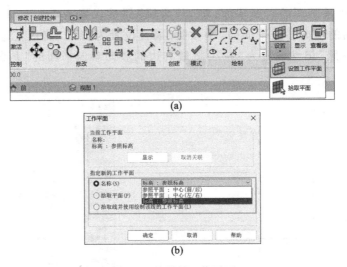

(a)

(b)

图 16.41　设置工作平面

本步骤的功能是:将"标高:参照标高"作为当前工作平面,因为后续绘制的轮廓是在该标高平面上进行绘制的。

（7）开始绘制编辑轮廓。使用"绘制"面板中的"线"工具,绘制如图16.42a所示的L形轮廓线。然后,使用"对齐"功能将所有轮廓线与其所在的参照平面对齐并进行锁定,如图16.42b所示。

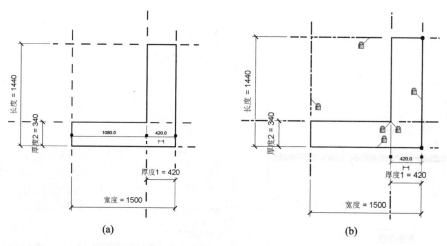

图 16.42 绘制 L 形轮廓

（8）点击主菜单上的"✔"，完成拉伸。

（9）点击选中该拉伸物体，在"属性"面板中可以看到"拉伸终点"与"拉伸起点"属性（图 16.43），它们共同组成了拉伸形状的厚度值。

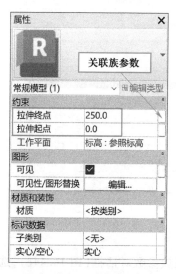

图 16.43 拉伸起点、终点

（10）将"拉伸终点"与参数绑定。

（a）点击图 16.43"拉伸终点"右边的"关联族参数"（图 16.43 中箭头所指的灰色矩形框），弹出关联族参数对话框（图 16.44a），点击左下角的"新建参数"按钮。

（b）弹出参数属性对话框（图 16.44b），在"名称"中输入"高度"，其他保持默认值，然后点击"确定"。

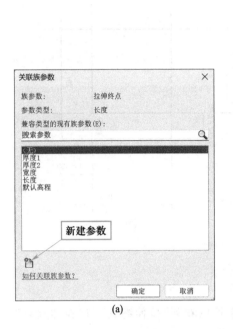

图 16.44　关联参数

（c）此时将返回到关联族参数对话框（图 16.44c），选择参数"高度"，表示"拉伸终点"数据与参数"高度"进行了绑定，再点击"确定"。

（11）点击主菜单的"族参数"按钮，可以看到当前的族参数，如图 16.45a 所示。可以修改各个族参数的值，查看其三维实体的变化情况。也可以点击右上角的"新建类型"按钮，新建族类型。其三维效果见图 16.45b。

（12）保存该族，输入该族名称"L 形异形柱.rfa"。

(a)

(b)

图 16.45 族参数

16.4.5 是参照的效果

新建任意空白 Revit 项目,载入族"L 形异形柱 . rfa"至项目。在项目中使用"结构"→"柱",在族类型中选择该异形柱族,创建该族的实例。

对该族进行尺寸标注。可以看到,尺寸标注时是可以捕捉到 4 个参照平面的,如图 16.46a、b 所示。

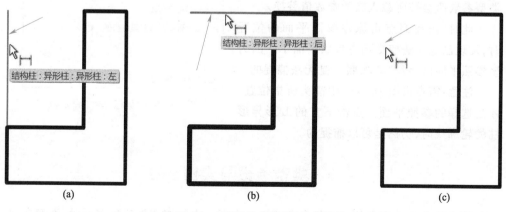

(a)

(b)

(c)

图 16.46 不同"是参照"属性的效果

然后,在项目文件所创建的族实例中,点击鼠标右键,选择"编辑族"(图 16.47),回到 L 形异形柱族的编辑界面。

图 16.47　编辑族

将"左"和"右"两个参照平面的"是参照"属性设置为"非参照",然后点击主菜单上的"载入到项目"(图 16.48),弹出提示时,选择"覆盖现有版本及其参数值"(图 16.49)。

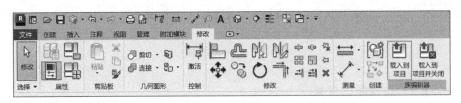

图 16.48　编辑族

"覆盖现有版本":族定义被覆盖(几何图形),但项目中指定的参数值保持不变。

"覆盖现有版本及其参数值":现有族的类型参数值会被所载入族的参数值替换。

此时,当我们点击原左参照平面的位置时,发现已经无法捕捉到左参照平面了。因为该参照平面已经是"非参照",是无法捕捉的。

注意:需点击图 16.46c 中箭头所指位置,才是选择的参照平面。点击下方的 L 形异形柱的轮廓线时,仍然是可以捕捉的。

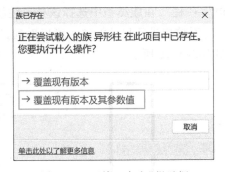

图 16.49　"族已存在"提示框

16.5　类型参数与实例参数

族参数分为类型参数与实例参数两种。在项目中使用族创建族实例时,类型参数在族"类型属性"对话框中设置,而实例参数在"属性"对话框中设置。为了更好地说明类型参数与实例参数的区别,我们使用之前创建的 L 形异形柱族为例进行讲解。

(1) 打开"L 形异形柱 . rfa"族文件。

（2）转至前立面视图。

（3）点击"创建"→"模型文字"（图 16.50）。

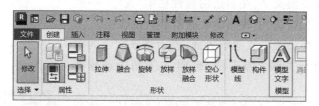

图 16.50 创建模型文字

（4）弹出"编辑文字"对话框，输入文字内容"柱子编号"（图 16.51），点击"确定"。

图 16.51 输入模型文字内容

（5）将其放置到柱旁边，如图 16.52a 所示。

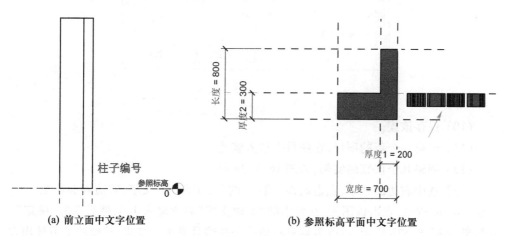

(a) 前立面中文字位置　　　　　　(b) 参照标高平面中文字位置

图 16.52 放置模型文字

261

（6）转至参照标高平面,调整文字位置如图 16.52b 所示。

（7）点击该模型文字,在右边的属性栏中"文字"一栏的最右边,点击图 16.53 中圆圈所示的矩形灰色按钮。

（8）此时会弹出关联族参数界面,表示将该文字的内容与一个参数进行关联。点击图 16.54 左下角的新建参数按钮。

（9）如图 16.55 所示,在"名称"中输入"编号",注意保持"参数分组方式"默认的"文字",右侧的参数类型选择"实例",然后点击"确定",返回关联族参数界面。注意此时默认会选中"编号"参数,点击"确定"。

此时,参数"编号"与模型文字的内容已进行了关联。

注意:这里的参数类型要选择"实例"。

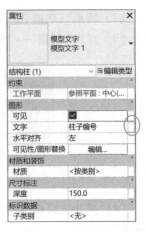

图 16.53　"文字"一栏右边的矩形灰色按钮

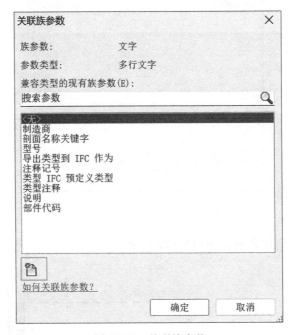

图 16.54　关联族参数

（10）保存该族。

（11）创建一个新的项目,在项目中载入该族。

（12）创建几个该族的实例,如图 16.56 所示。

（13）选中右边的柱子,点击属性"编号"的"柱子编号"文字,右边即会出现"…"图标（图 16.57a）,点击该图标,在弹出的"编辑文字"界面输入 100,然后点击"确定"。其效果如图 16.57b 所示,可以看到只有该柱子的编号发生了变化,其他柱子编号均未改变。

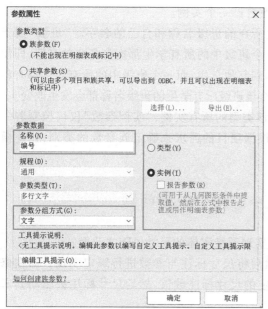

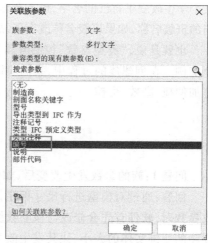

(a) 族参数属性设置   (b) 关联族参数

图 16.55 创建"编号"实例参数

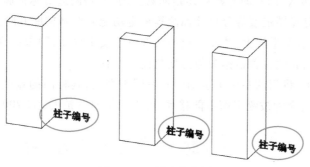

图 16.56 创建的实例

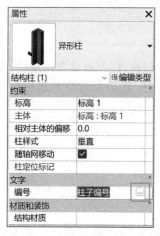

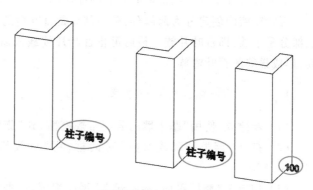

(a) 文字编号内容修改按钮   (b) 只有最右边的柱子编号发生变化

图 16.57 修改类型参数

这就是实例参数的特点,即只会修改自己一个实例。

类型参数与实例参数如同一个学生所在的班级名称和自己的名字。"班级"属于"类型参数","名字"属于"实例参数",一个班级中的所有学生都拥有各自的名字,即使某个学生改变了自己的名字,也不会影响到其他学生;而一个班级中的所有学生都有相同的班级名称,如果班级名称改变了,那么该班级所有学生的班级名称都会发生改变。

也就是说,"类型参数"控制着属于该类型的所有实例,"实例参数"仅仅控制着一个实例。在创建族的过程中,我们应该根据项目的需求来确定族参数的类别,让建模更加便捷、高效、可控。

16.6　族创建中的两个关键问题

问题 1:族的参数发生改变后,如何实现三维实体的尺寸也随之改变?

回答:通过对模型进行尺寸标注,然后将尺寸标注与参数进行绑定实现。即在修改参数时,软件首先会修改与该参数绑定的尺寸标注数值,然后尺寸标注去驱动其所标注的三维实体的大小,让其发生改变。

问题 2:三维实体尺寸改变时,如何控制改变的方向? 比如,门的宽度由 900 mm改为 1 200 mm,那么,门是向左扩展还是向右扩展,或是两边对称扩展?

回答:通过对齐锁定或等分尺寸标注等锁定功能来控制扩展方向。即将某个起点或某条边锁定在参照平面上,使其在任何情况下不发生移动,则参数改变时,该点或边是不动的,物体的其他位置根据参数的变化而发生移动。

比如,门族中,将门的左边锁定到中心参照平面上,则将门的宽度由 900 mm 改为1 200 mm 时,左边因为被锁定而不能移动,所以门将向右扩大为 1 200 mm。

16.7　百叶窗族——嵌套族的创建

创建族时,可以在族编辑器中载入其他族进行组合使用,即将多个简单族嵌套组合,从而生成更复杂的族,此类族称为嵌套族。

下面以百叶窗族为例讲解嵌套族的操作(视频 16.2)。

百叶窗族的创建分为两部分:第一部分是百叶窗的窗框族,作为嵌套族的母族;第二部分是子族,即百叶片族。最后可将百叶片族载入窗框族,然后对百叶片族进行阵列,形成最终的百叶窗族。

视频 16.2 百叶窗族的创建

16.7.1　百叶窗的窗框族创建

(1)新建族,使用"基于墙的公制常规模型 . rft"族样板。

(2)打开"族类别和族参数"对话框,将"族类别"设定为"窗",点击"确定"(图 16.58)。

(3)切换至"楼层平面:参照标高"平面视图,点击"创建"→"参照平面",在参照平面"中心(左/右)"的左右两侧各绘制一个与其平行的参照平面(图 16.59a)。选择

(a) 族类别

(b) 族类别设置为窗

图 16.58 族类别"窗"

(a)

(b)

图 16.59 绘制参照平面

左侧的参照平面,在"属性"面板的"名称"属性中输入"左",将"是参照"改为"左"(图 16.59b);以同样的方式选择右侧的参照平面,"名称"输入"右","是参照"改为"右"。

（4）使用"对齐尺寸标注"工具,单击拾取平面中 3 个参照平面以放置连续尺寸标注;随后选择该尺寸标注,单击尺寸线上方的"EQ"标志以添加等分约束,完成后的效果如图 16.60 所示。

（5）再次使用"对齐尺寸标注"工具,在参照平面"左""右"之间添加尺寸标注（见图 16.61a 中框出来的尺寸标注）,然

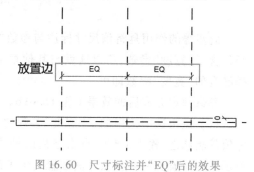

图 16.60 尺寸标注并"EQ"后的效果

后点击选择该尺寸标注,再点击主菜单中"标签"位置的下拉箭头(图 16.61a 中箭头所指位置),在下拉选项中选择"宽度"。

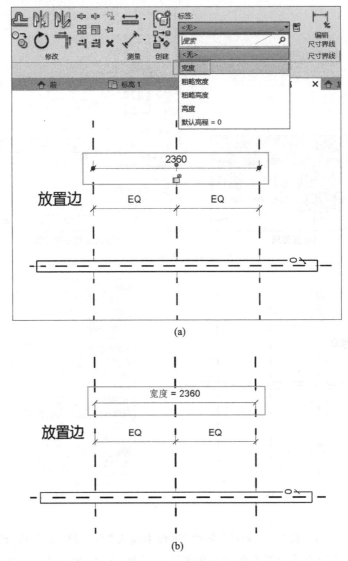

(a)

(b)

图 16.61　尺寸标注与绑定参数

　　此步骤的作用是将该尺寸标注与参数"宽度"进行绑定。因为窗的族样板默认已经包含了"宽度"参数,所以这里与其他章节的参数操作不同,不需创建参数,只需选择已有的"宽度"参数即可。

　　参数绑定完成后的效果见图 16.61b。

　　(6) 点击选中该添加了"宽度"参数的尺寸标注,然后单击尺寸标注文字,进入尺寸值编辑状态,输入 1 800,点击空白区域或按回车键确认,完成后的效果如图 16.62所示。可以看到两条参照平面位置发生了改变。该操作与"族类型"对话框中修改该参数的值的功能相同。

（7）切换至"立面"→"放置边"立面视图（图 16.63）。

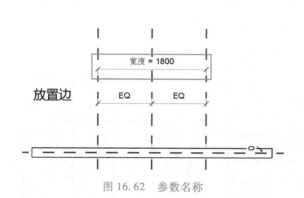

图 16.62　参数名称

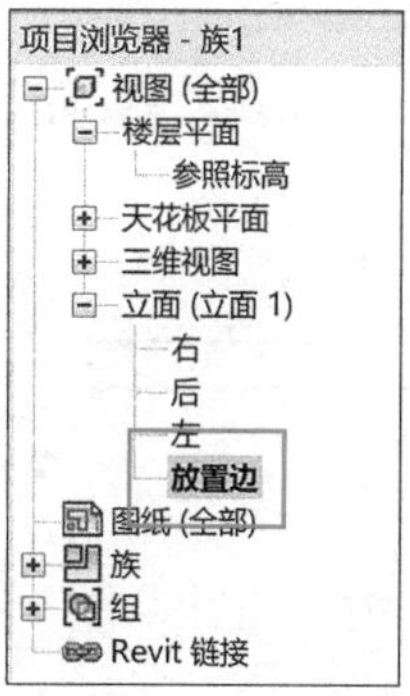

图 16.63　切换到
"放置边"立面视图

（8）在墙上绘制两条水平的参照平面（图 16.64），然后分别将上侧、下侧参照平面的"名称"和"是参照"修改为"顶"和"底"。

（9）使用"对齐尺寸标注"工具标注参照平面的"顶"与"底"，并将该标注与已有的参数"高度"进行绑定，然后将该参数的值修改为 1 200（图 16.65）。

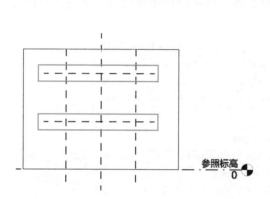

图 16.64　绘制完成后的"顶""底"参照平面

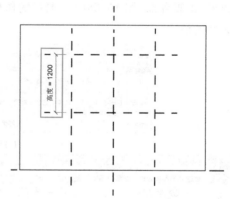

图 16.65　创建高度参数

（10）使用"对齐尺寸标注"工具在参照平面"底"与参照标高之间添加尺寸标注（图 16.66）。

（11）选择该尺寸标注，在标签面板中点击"创建参数"（图 16.61a 箭头所指位置右侧的按钮），在弹出的参数属性对话框中，"名称"处输入"默认窗台高"，并选择"实例"参数（图 16.67a），其余保持默认，单击"确定"返回。然后，将该参数值改为 900。完成效果如图 16.67b 所示。

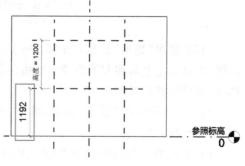

图 16.66　创建高度方向的标注尺寸

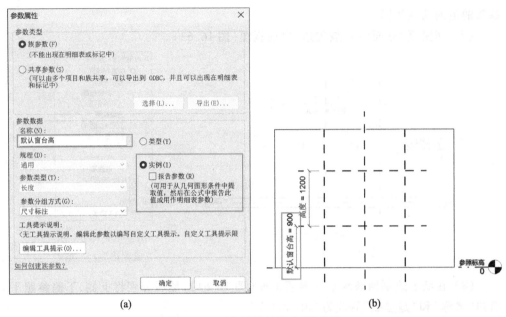

(a)　　　　　　　　　　　　　　(b)

图 16.67　新建"默认窗台高"参数

（12）点击"创建"→"模型"选项中的"洞口"（图 16.68a），进入"修改｜创建洞口边界"编辑界面（图 16.68b）。洞口的作用是将窗所在的墙体剪切出一个与洞口同样大小的洞。

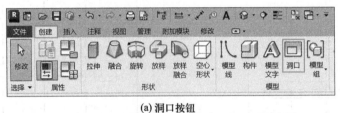

(a) 洞口按钮

(b) "修改｜创建洞口边界"编辑界面

图 16.68　"洞口"工具

（13）使用"矩形"绘制（图 16.69a），利用"左""右""底""顶"参照平面的交点，即图 16.69b 左上角和右下角箭头所指的位置，作为矩形对角线顶点，绘制矩形洞口轮廓线，完成后的效果如图 16.69b 所示。

然后点击图中的"锁定"标记，将 4 个轮廓线锁定至对应的参照平面，锁定后的效果如图 16.69c 所示。

（14）点击图 16.69a 中的"✔"，完成洞口创建。

（15）接下来创建百叶窗的窗框。

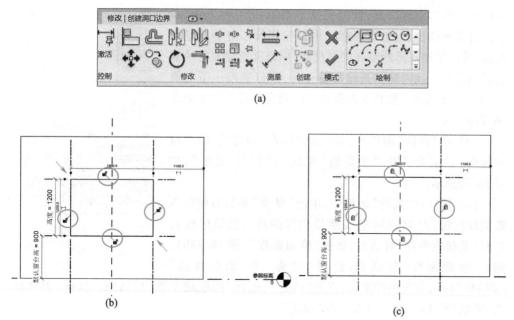

图 16.69　创建洞口

（a）点击"创建"→"拉伸"，进入"修改｜创建拉伸"编辑界面。

（b）使用"矩形"绘制，在图 16.69b 中洞口的同样位置，创建矩形窗框轮廓线（图 16.70）。然后，点击"锁定"标志，将 4 个轮廓线锁定至对应的参照平面。

因为实际工程中窗框与窗的洞口在同样位置，所以这里也放置在同样位置。只不过在 Revit 软件中创建二者所起的作用不同：创建窗洞口的作用是剪切墙体，使得墙体在该位置被剪切出一个洞口，而创建窗框的作用是创建实际的窗框实体。

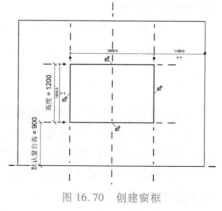

图 16.70　创建窗框

（c）再次使用"矩形"绘制，在常用属性条中将"偏移"设定为 60（图 16.71a），然

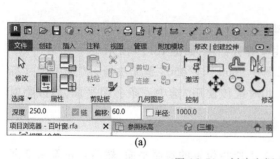

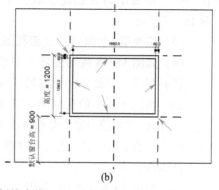

图 16.71　创建窗框内侧轮廓线

后按上一步的同样位置,即分别点击图 16.71b 左上角、右下角箭头所指位置,绘制窗框的内侧轮廓线。由于设置了偏移,所以虽然矩形绘制在同样位置,但是其所绘制的轮廓线是偏移的。此时默认是往外偏移的,所以要按一下空格键,调整偏移方向,使其往内偏移。绘制完成后的效果如图 16.71b 所示。

（d）在"属性"面板中,将"拉伸终点"设定为 30,"拉伸起点"设定为 -30,"子类别"设定为"框架/竖梃",如图 16.72 所示。

（e）同样在"属性"面板中,单击"材质"参数右侧的参数关联按钮（图 16.73a 箭头所指位置的灰白色矩形框）,打开"关联族参数"对话框,单击"添加参数"（图 16.73b）,弹出"参数属性"对话框,设置"名称"为"窗框材质"

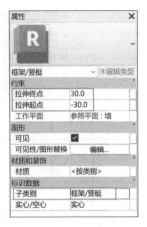

图 16.72　设置窗框的
拉伸属性

（图 16.73c）,其余保持默认,点击"确定",返回"关联族参数"对话框。选择"窗框材质"参数（图 16.73d）,再次点击"确定"。

此时可以在"属性"面板处观察到"材质"参数显示为灰色,表示已进行了关联。

此步骤的作用是添加窗框的材质参数。在项目文件中使用该族时,可以通过该参数修改窗框的材质。

（f）单击主菜单上的"✔"（图 16.74）,结束拉伸,完成窗框的创建。

（16）将上述族进行保存,输入该族名称为"百叶窗族.rfa"。

16.7.2　百叶片族的创建

（1）新建族,使用"公制常规模型.rft"族样板,切换至"立面:前"立面视图。

（2）点击"创建"→"参照平面",在参照平面"中心（左/右）"两侧各创建一个平行的参照平面（图 16.75）,分别将其"名称"与"是参照"修改为"左"与"右"。

（3）使用"对齐尺寸标注"工具,在 3 个参照平面之间创建连续尺寸标注,并将其设置为等分,效果如图 16.76 所示。

（4）再使用"对齐尺寸标注"工具,在参照平面"左"和"右"之间创建尺寸标注,并在"标签"面板中为其创建参数,"名称"为"宽度",其余保持默认,点击"确定",如图 16.77 所示。

（5）切换至"立面:右"立面视图。

（6）如图 16.78 所示创建 4 个参照平面。

（7）在参照平面之间添加尺寸标注与等分标注,如图 16.79 所示。

（8）修改上图中的尺寸值。注意,图中"600"与"450"是无法通过"选中尺寸标注,再点击标注数值"的方式来修改的,此时应该使用"选中一条参照平面,修改临时尺寸标注的数值"的方式进行尺寸修改。

具体操作为:

（a）如图 16.80a 所示,首先点击箭头 1 所指位置的参照平面,然后点击箭头 2 所指的临时标注的数值 225,会弹出数值修改框(图 16.80b),输入 5,按回车键确定。

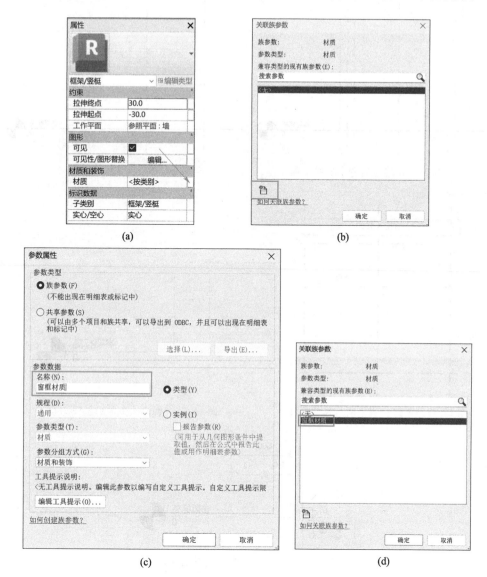

(a)

(b)

(c)

(d)

图 16.73 材质的关联参数

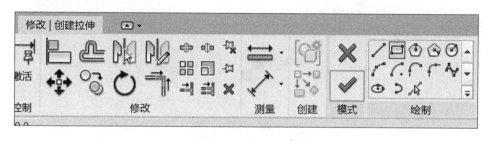

图 16.74 点击"✔"

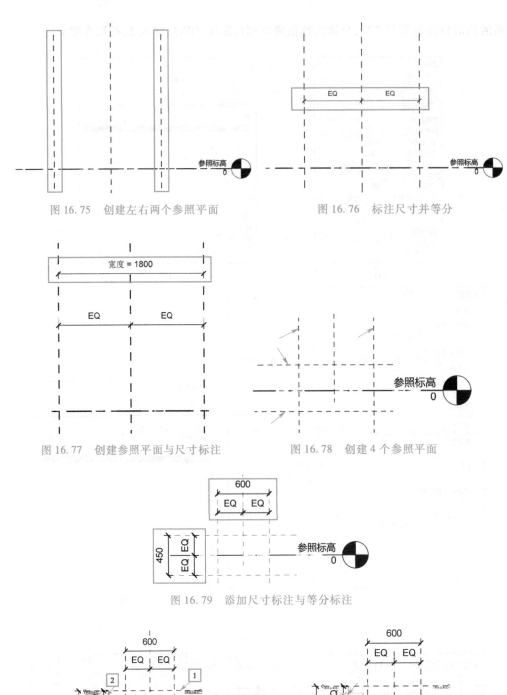

图 16.75　创建左右两个参照平面　　　　图 16.76　标注尺寸并等分

图 16.77　创建参照平面与尺寸标注　　　　图 16.78　创建 4 个参照平面

图 16.79　添加尺寸标注与等分标注

(a)　　　　　　　　　　　　　(b)

图 16.80　修改尺寸值

　　由于尺寸值变化大,此时标注的显示可能会叠在一起,这不会影响后续操作。

（b）按同样的操作方式，选中右边的竖向参照平面，然后点击出现的临时标注，再点击临时标注的尺寸数字，在弹出的输入框中输入 30，按回车键确定。

（c）然后点击视图左下角的显示比例，将比例设置为 1∶10，显示效果如图 16.81 所示。

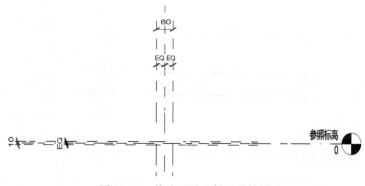

图 16.81　修改显示比例后的效果

（d）对各个标注尺寸和 EQ 标注进行移动操作，将其移动到如图 16.82 所示位置。可配合显示比例调整，将比例调整到 1∶1，最终移动后的效果如图 16.82 所示。

（e）操作完成后，将两条等分尺寸标注删除，否则后面进行第（15）步操作时会报错。最终效果如图 16.83 所示。

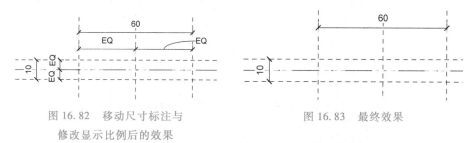

图 16.82　移动尺寸标注与
修改显示比例后的效果

图 16.83　最终效果

（9）点击"创建"→"拉伸"，使用矩形工具在图 16.84 所示位置，即 4 个参照平面位置，绘制矩形轮廓线，并将轮廓线与对应参照平面进行锁定。

（10）在"属性"面板中，单击"材质"参数右侧的参数关联按钮（图 16.85），打开"关联族参数"对话框，在弹出的窗口中点击"添加参数"，然后会弹出"参数属性"对话框，设置"名称"为"百叶片材质"，其余保持默认（图 16.86），点击"确定"，返回"关联族参数"对话框，在此界面选择"百叶片材质"参数，再次点击"确定"。

本步骤的目的是将百叶片的材质与参数关联绑定，以实现通过参数修改百叶片的材质。

（11）单击主菜单中的"✔"（图 16.87），完成拉伸创建。

（12）转至立面视图"立面:右"。

（13）选中新建的拉伸形状，然后按住 Ctrl 建，添加选中 4 个参照平面（图 16.88）。

（14）此时会弹出"修改│选择多个"选项卡，点击主菜单上的"旋转"工具（图 16.89）。

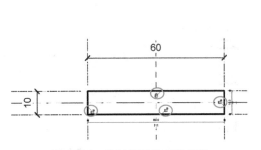

图 16.84　绘制矩形轮廓并锁定

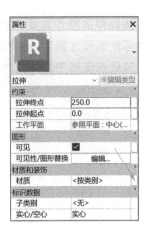

图 16.85　材质参数关联

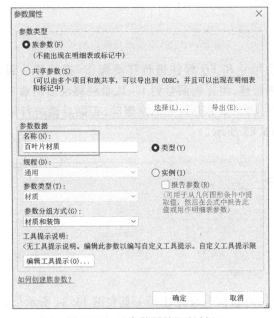

图 16.86　"参数属性"对话框

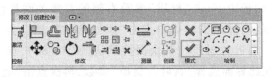

图 16.87　点击"✔"

（15）在常用属性条中，点击"旋转中心"右侧的"地点"（图 16.90），选择参照平面"中心（左/右）"与参照标高的交点作为新的旋转中心（图 16.91），点击交点右侧的参照标高作为旋转起始边（图 16.92），然后旋转 45°至图 16.93 所示位置，单击鼠标。此时，可以观察到新建的拉伸形状和 4 个参照平面围绕着旋转中心进行了 45°的旋转（图 16.94）。本步骤的目的是将百叶窗旋转 45°，因为百叶窗开启时，其叶片是斜的。

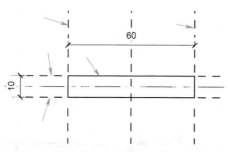

图 16.88 选择拉伸形状与 4 个参照平面

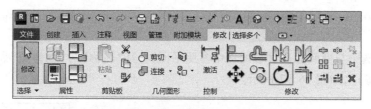

图 16.89 "旋转"工具

图 16.90 定义旋转中心

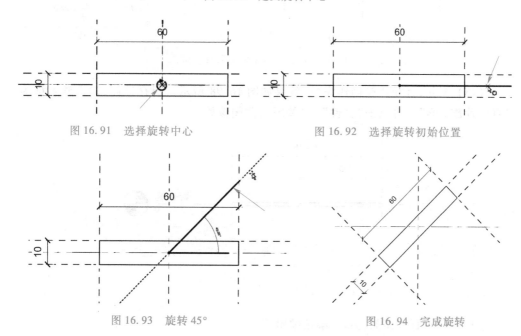

图 16.91 选择旋转中心   图 16.92 选择旋转初始位置

图 16.93 旋转 45°   图 16.94 完成旋转

（16）切换至"立面：前"立面视图，选中拉伸形状，分别拖动左右两侧的"拉伸：造型操作柄"（图 16.95）至参照平面"左"与"右"，并进行锁定，如图 16.96 所示。

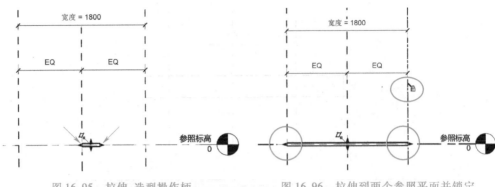

图 16.95 拉伸:造型操作柄 　　　图 16.96 拉伸到两个参照平面并锁定

（17）选中与参照标高重合的那个参照平面,将其"名称"与"是参照"属性设定为"中心(标高)",如图 16.97 所示。

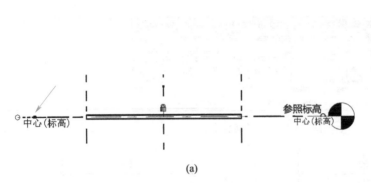

(a) 　　　　　　　　　　(b)

图 16.97 修改参照平面的名称与属性

（18）至此,百叶片族创建完成,效果如图 16.98 所示。保存该族,输入族名称为"百叶片族.rfa"。再点击"文件"→"关闭",关闭该族。

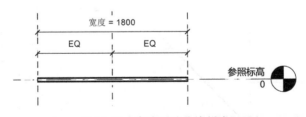

图 16.98 完成百叶片族创建

16.7.3 将百叶片族载入百叶窗族

（1）打开"百叶窗族.rfa",继续编辑族。

（2）点击"插入"选项卡,点击"载入族"工具(图 16.99),选择之前创建的"百叶片族.rfa"。

图 16.99 "载入族"

（3）切换至"楼层平面:参照标高"平面视图。

（4）点击"创建"→"构件"（图 16.100），在平面视图中墙的外部位置单击鼠标放置百叶片（图 16.101）。

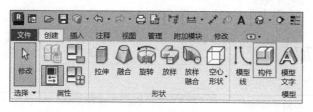

图 16.100 创建构件

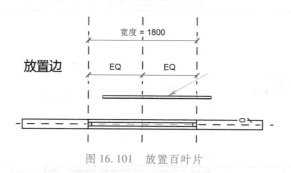

图 16.101 放置百叶片

（5）使用"对齐"工具,将百叶片族的参照平面"中心（左/右）"（图 16.102 中右边箭头所指向的竖向短线）与百叶窗族的参照平面"中心（左/右）"（图 16.102 中左边箭头指向的参照平面）对齐并锁定,完成后的效果如图 16.103 所示。

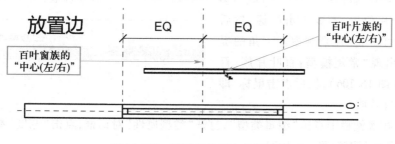

图 16.102 需对齐的两个参照平面

（6）继续使用"对齐"工具,对齐百叶片族的参照平面"中心（前/后）"与百叶窗族的参照平面"墙"（图 16.104）并锁定,完成后的效果如图 16.105 所示。

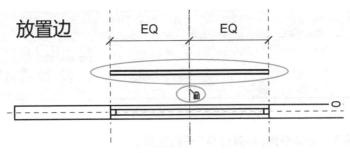

图 16.103　对齐锁定后的效果

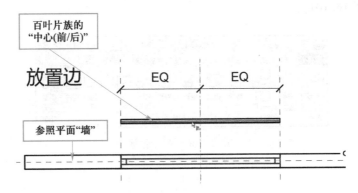

图 16.104　需对齐的两个参照平面

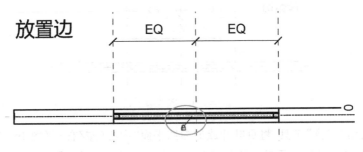

图 16.105　对齐两个参照平面并锁定后的效果

（7）选择百叶片。该百叶片处有多个物体叠在一起，不容易选取，因此，可将光标移到百叶片位置，不要点击鼠标，然后连续点按 Tab 键，注意观察左下角的提示，直至出现"常规模型：百叶片族：百叶片族"（图 16.106），然后点击鼠标，即可选择百叶片族。

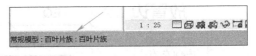

图 16.106　左下角的百叶片族提示

（8）在属性栏中点击"编辑类型"，打开"类型属性"对话框，点击"宽度"参数后的"关联族参数"按钮（图 16.107）。

（9）此时会弹出"关联族参数"对话框，该列表中显示了可关联的所有长度类型的参数。选择"宽度"参数（图 16.108），点击"确定"，返回"类型属性"对话框，再点击"确定"，关闭"类型属性"对话框。

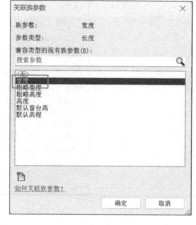

图 16.107 "宽度"参数的关联族参数按钮　　　　图 16.108 选择"宽度"参数

本步骤的作用是将百叶片族中的"宽度"参数与百叶窗族中的"宽度"参数进行了关联,则修改百叶窗族的"宽度"参数的值时,百叶片族中的"宽度"参数的值亦会随之改变。

(10)点击主菜单中的"族类型"按钮,打开"族类型"对话框。在该界面点击左下角的"新建参数"按钮(图 16.109),在弹出的"参数属性"界面,"名称"属性处输入"百叶片材质",并将"参数类型"选择为"材质"(图 16.110),其他保持默认,点击"确定"返回"族类型"对话框,再点击"确定",退出"族类型"对话框。

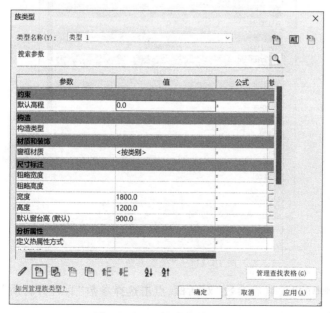

图 16.109 "新建参数"按钮

图 16.110　新建百叶片材质参数

（11）再次点击选择视图中的百叶片，点击属性栏的"编辑类型"，在弹出的"类型属性"对话框中，点击"百叶片材质"参数的"关联参数"按钮（图 16.111）。

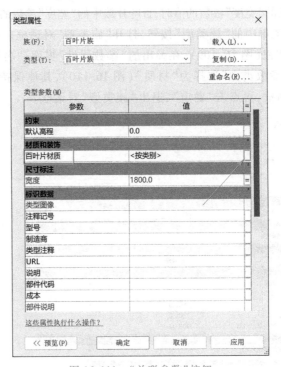

图 16.111　"关联参数"按钮

（12）在弹出的"关联族参数"对话框，点击选择参数"百叶片材质"（图 16.112），然后点击"确定"。

　　此时可以发现,"百叶片材质"和"宽度"参数一样,也变成灰色的,就是不可直接被修改了(图16.113)。也就是说,此时百叶片族的"百叶片材质"参数的值,是由母族"百叶窗族"的"百叶片材质"参数控制的,百叶片族的"宽度"参数的值是由母族"百叶窗族"的"宽度"参数控制的,因此,只要母族的这两个参数的值进行了修改,作为子族的百叶片族的这两个参数也会跟着改变,因而就实现了通过母族的参数变化去改变子族尺寸的效果。

图16.112　选择百叶片材质
　　　　　　参数进行关联

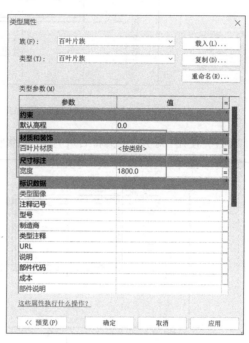

图16.113　关联参数

　　(13)点击"确定",关闭"类型属性"对话框。

　　(14)切换至"立面:放置边"立面视图。

　　(15)点击主菜单的"创建"→"参照平面",在距离参照平面"底"上方90 mm处绘制一个参照平面(图16.114),修改其"名称"为"百叶片底"。

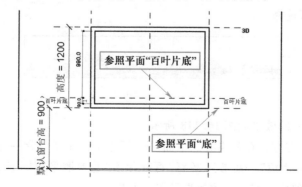

图16.114　创建百叶片关联参数

（16）在参照平面"百叶片底"与参照平面"底"之间添加尺寸标注并锁定该标注的值，如图 16.115 所示。

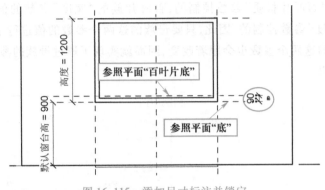

图 16.115　添加尺寸标注并锁定

（17）使用"对齐"工具将百叶片的参照平面"中心（标高）"（图 16.116 箭头所指位置）与参照平面"百叶片底"对齐并锁定。

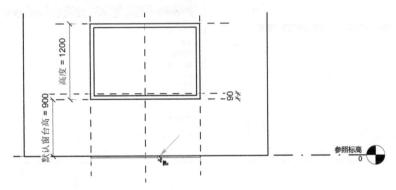

图 16.116　百叶片的"中心（标高）"参照平面的初始位置

注意，对齐前百叶片在"参照标高"的高度，而且，百叶片的参照平面"中心（标高）"与"参照标高"位置是重合的。因此，选择百叶片的参照平面"中心（标高）"时，应将光标移至该位置，不需点击，使用 Tab 键切换，并需注意屏幕左下角的提示，应该显示图 16.117 所示的"常规模型：百叶片族：百叶片族：中心（标高）：中心（标高）"，此时点击鼠标，即可选择。

图 16.117　左下角的提示

对齐且锁定后的效果如图 16.118 所示。

（18）以同样的方式在距离参照平面"顶"下方 90 mm 处绘制一个参照平面，修改其"名称"为"百叶片顶"。在参照平面"百叶片顶"与参照平面"顶"之间添加尺寸标注并锁定该标注的值。完成后的效果见图 6.119。

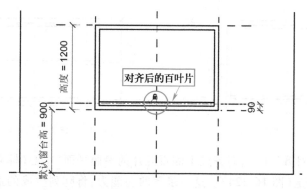

图 16.118 对齐参照平面并锁定

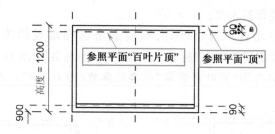

图 16.119 创建参照平面"百叶片顶"并标注锁定

（19）选择百叶片,点击主菜单上的"阵列",设置常用属性条中的阵列方式为"线性",勾选"成组并关联",设置"移动到"条目为"最后一个",勾选"约束",如图 16.120 所示。

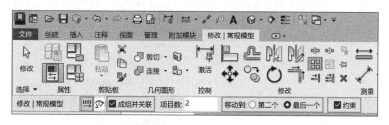

图 16.120 "阵列"的常用属性条设置

（20）拾取参照平面"百叶片底"作为阵列基线,向上移动光标至参照平面"百叶片顶"（如图 16.121 所示）,单击鼠标,此时会出现阵列数量输入框（图 16.122）,输入3,按回车键,其效果如图 16.123 所示。

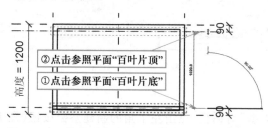

图 16.121 拾取两个参照平面作为阵列的起始基线

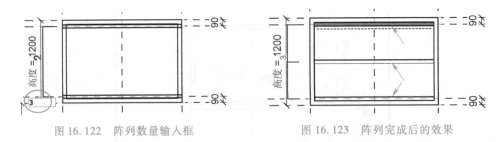

图 16.122　阵列数量输入框　　　　　　图 16.123　阵列完成后的效果

（21）使用"对齐"工具,对齐最上侧百叶片的参照平面"中心(标高)"与参照平面"百叶片顶"并锁定(图 16.124)。这一步骤的功能为:将阵列生成的最后一个百叶片位置与参照平面"百叶片底"锁定,则当百叶窗的高度发生变化时,上侧百叶片与百叶窗上边缘的距离始终保持不变。

（22）点击选中任意一根百叶片,然后点击选择出现的阵列数量临时标注(图 16.125),点击常用属性条中"标签"选项的"添加参数"(图 16.126),打开"参数属性"对话框,新建名称为"百叶片数量"的类型参数(图 16.127),再点击"确定"。

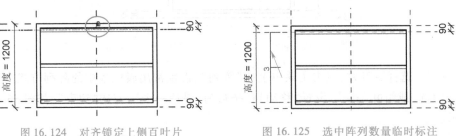

图 16.124　对齐锁定上侧百叶片　　　　图 16.125　选中阵列数量临时标注

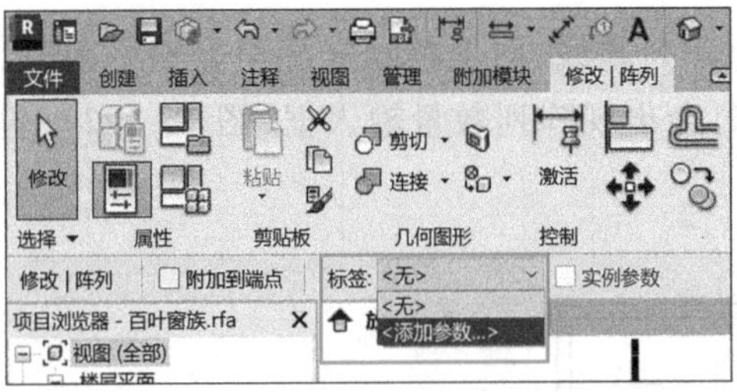

图 16.126　常用属性条中"标签"
选项的"添加参数"

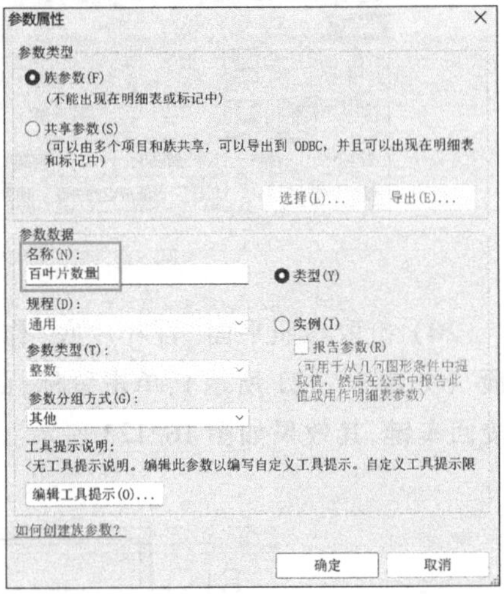

图 16.127　新建"百叶片数量"类型参数

（23）打开"族类型"对话框,点击左下角的新建参数按钮(图 16.128)。

（24）在弹出的"参数属性"对话框,"名称"处输入"百叶片间距","参数类型"

选择"长度","参数分组方式"选择"尺寸标注"(图16.129),点击"确定"。

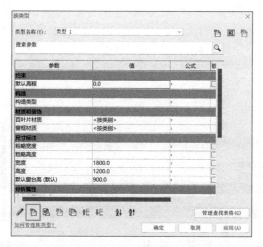

图16.128 "新建参数"按钮

图16.129 新建"百叶片间距"的类型参数

(25) 将"百叶片间距"参数的值修改为60。

(26) 在"百叶片数量"参数后的公式栏输入"(高度-180 mm)/百叶片间距"(图16.130),注意公式内是英文格式的括号与斜杠。完成后点击"确定"。

此操作实现如下功能:Revit 软件会自动根据公式计算百叶片数量。

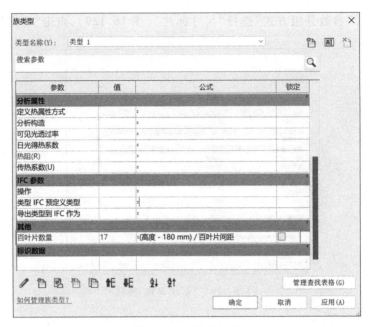

图 16.130　输入公式

（27）至此，百叶窗族制作完成，打开三维视图即可浏览族模型（图 16.131）。最后，保存该族。

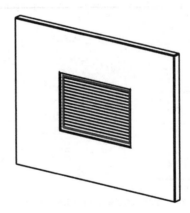

图 16.131　百叶窗族

第 16 章作业

第 16 章四色
插图

在制作百叶窗族的过程中，我们先在"百叶窗族.rfa"中制作了窗框，随后制作了"百叶片族.rfa"，并把百叶片族作为构件载入百叶窗族，这是使用了嵌套族的族创建思路。使用嵌套族可以将复杂的构件族简化为多个简单的构件族，分别创建并嵌套组合使用。

第**17**章 综合案例

17.1 综合案例的图纸

本章以一个小别墅作为综合案例,讲解小别墅的三维建模,包括轴网、门窗、墙体、楼梯、楼板、屋顶等。小别墅的 CAD 图纸如图 17.1 ~ 图 17.7 所示。

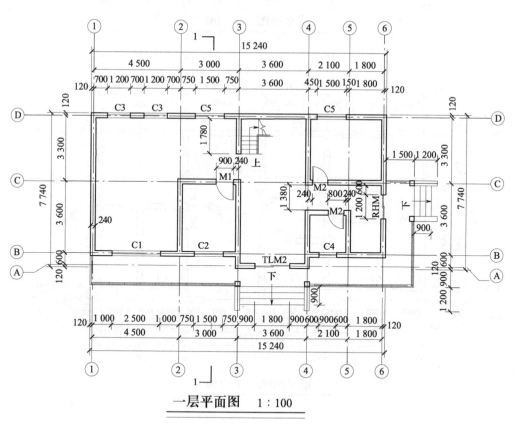

一层平面图 1：100

资料 17.1 小别墅 CAD 图纸(可下载)

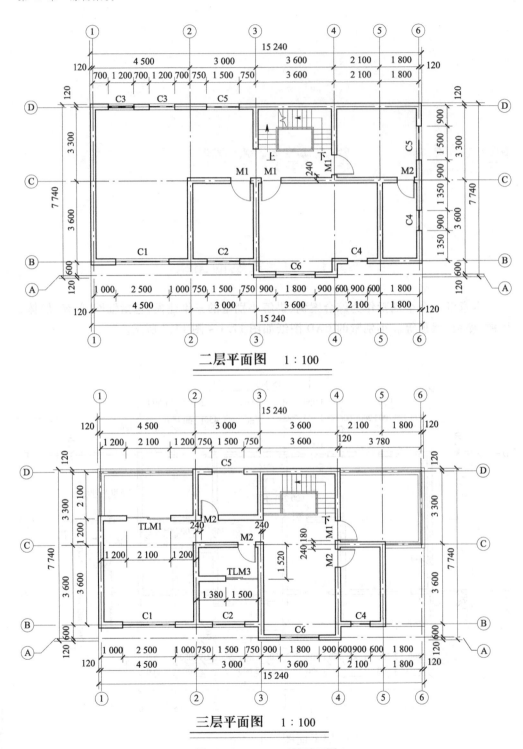

二层平面图 1：100

三层平面图 1：100

图 17.1 一、二、三层平面图

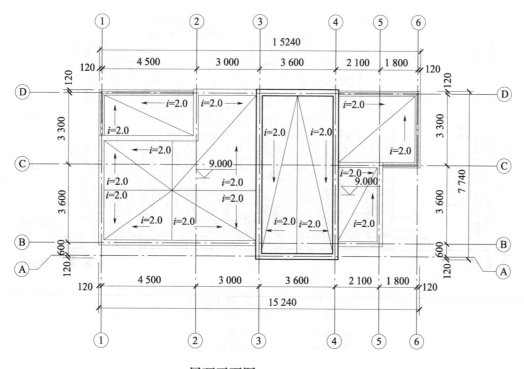

屋顶平面图 1：100

图 17.2　屋顶平面图

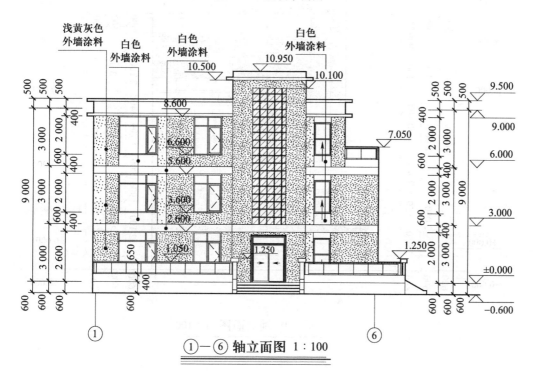

①—⑥ **轴立面图** 1：100

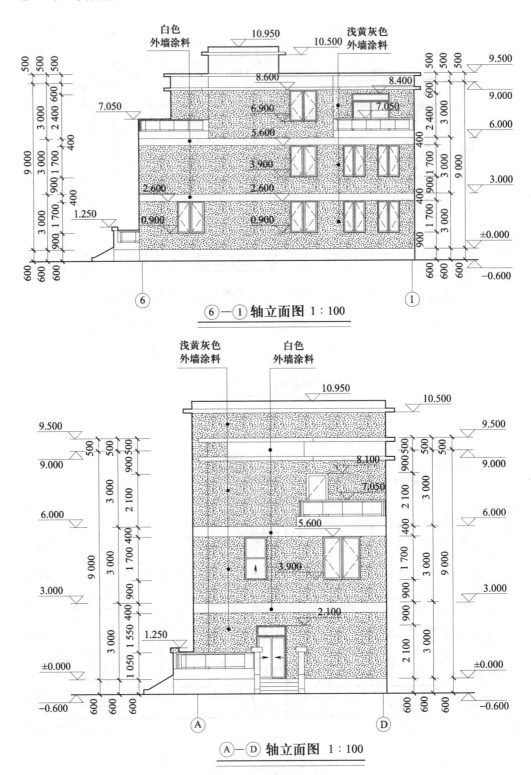

⑥—① 轴立面图 1∶100

Ⓐ—Ⓓ 轴立面图 1∶100

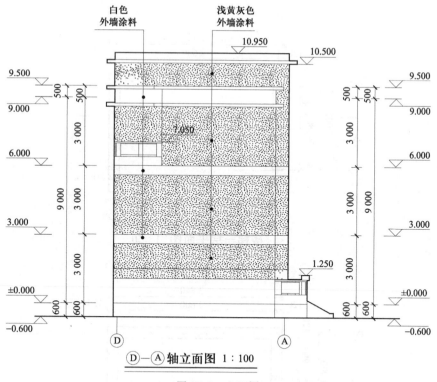

图 17.3 立面图

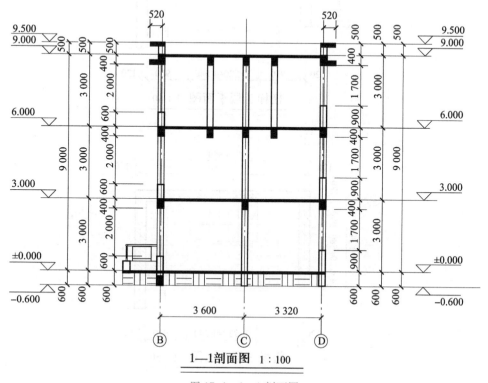

图 17.4 1—1 剖面图

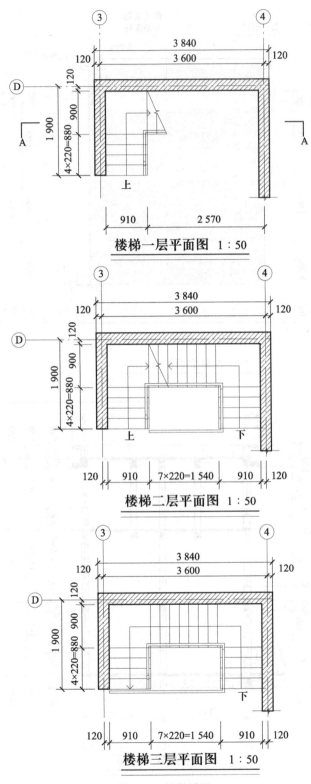

楼梯一层平面图　1∶50

楼梯二层平面图　1∶50

楼梯三层平面图　1∶50

图 17.5　楼梯详图

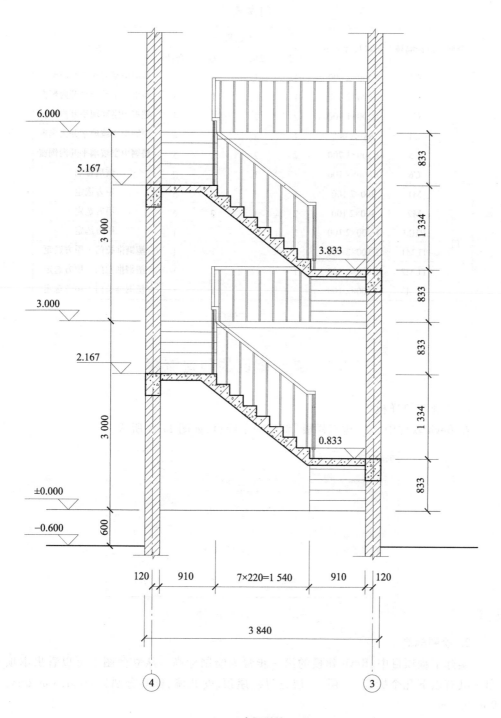

A—A剖面图 1:50

图 17.6 A—A 剖面图

门窗表

类型	设计编号	洞口尺寸/mm	数量				备注
			1层	2层	3层	合计	
窗	C1	2 500×2 000	1	1	1	3	塑钢中空玻璃平开内倒窗
	C2	1 500×2 000	1	1	1	3	塑钢中空玻璃平开内倒窗
	C3	1 200×1 700	2	2		4	塑钢中空玻璃平开推拉窗
	C4	900×2 000	1	2	1	4	塑钢中空玻璃平开内倒窗
	C5	1 500×1 700	2	2	1	5	塑钢中空玻璃平开内倒窗
	C6	1 800×7 100		1	1	2	玻璃幕墙
门	M1	900×2 100	1	3	1	5	甲方选定
	M2	800×2 100	2	1	3	6	甲方选定
	RHM	1 200×2 100	1			1	甲方选定
	TLM1	2 100×2 400			1	1	塑钢推拉门　甲方选定
	TLM2	1 800×2 400	1			1	塑钢推拉门　甲方选定
	TLM3	1 500×2 100			1	1	塑钢推拉门　甲方选定

图 17.7　门窗表

17.2　综合案例的创建流程

1. 新建建筑样板

在 Revit 软件中,以"建筑样板"新建一个项目,如图 17.8 所示。

图 17.8　新建建筑样板

2. 绘制标高

实际工程项目中,Revit 建模的第一步常为绘制标高。从立面图中可以看出本项目一共有以下几个标高:一层、二层、三层、屋顶、女儿墙,标高分别为±0 m,3 m,6 m,9 m,9.5 m。

(1) 选择任意一个立面,更改已有标高的名称:单击"标高 1",将名称修改为"一层";单击"标高 2",将名称修改为"二层"。

(2) 之后修改标高的高度。从立面图中可以看到二层的标高是 3 m,因此选中二层标高,在右侧属性栏中更改"立面"值为 3 000。

（3）然后，创建其余的标高。单击"建筑"选项卡的"标高"（图17.9），创建三层、屋顶、女儿墙标高如图17.10所示。

图17.9 新建标高

图17.10 绘制标高完成图

3. 绘制轴网

（1）轴网的绘制需要在平面上进行。在"项目浏览器"中点击选择一层平面，然后点击"建筑"选项卡中的"轴网"，如图17.11所示。

图17.11 新建轴网

（2）单击第一点，保证轴网垂直，绘制第一条竖向轴网。

（3）选中该轴网，单击"编辑类型"→"轴线中段"，选择"连续"属性，并勾选"平面视图轴号端点1（默认）"（图17.12），完成轴网样式修改。

（4）同样的方法绘制第二条轴网，因二者的中间距离是4.5 m，所以光标向右移动，输入4 500。

（5）然后再创建第三条轴网，间距为3 m，可以用修改命令里的"复制"操作，复制一个新的轴网，距离为3 000 mm。

（6）接下来创建横向轴网，点击"建筑"中的"轴网"，绘制第一根轴网。因横向轴网名称为A、B、C等，所以需选中第一条横向轴网，将"名称"改为"A"，再绘制第二条轴网，此时名称会自动变成"B"，距离调整成3 600 mm，以此类推，完成轴网的创建。

（7）创建完成的轴网如图17.13所示。

4. 创建墙体

（1）创建厚度为240 mm的墙体类型。从CAD图纸中可以看到墙体的厚度为240 mm，所以我们首先要创建出一个厚度为240 mm的墙体类型。点击"建筑"→"墙"，选择"墙：建筑"，如图17.14所示。

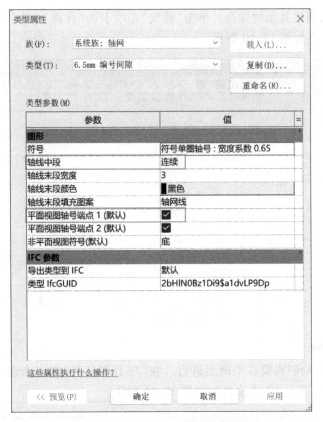

图 17.12　轴网参数设置

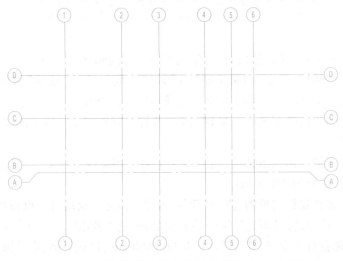

图 17.13　绘制轴网完成图

　　点击"编辑类型",再点击"复制",建立新的墙族名称为"墙 240"。点击"编辑",将"结构"的"厚度"改为 240(图 17.15),点击"确定",即创建完成一个厚度为 240 mm的墙体类型。

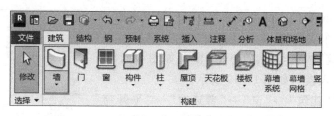

图 17.14 创建墙体

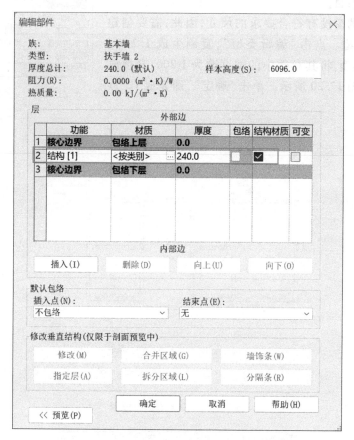

图 17.15 创建厚度为 240 mm 的墙体类型

（2）绘制墙体。

（a）首先按照图纸将外面一圈的墙体创建出来。

（b）因默认墙体的高度为底部从"一层"开始、顶部到"未连接"，所以要把顶部调整到二层高度。框选视图内的所有物体，然后使用"过滤器"工具选择所有墙体，再将"属性"中的"顶部约束"修改为"直到标高：二层"，如图 17.16 所示。

（c）内墙的创建方法与外墙一致。

（3）完成效果如图 17.17 所示。

5. 创建门窗

（1）创建 C3 的窗族类型。首先确定 C3 的大小。在图纸上可以看到 C3 的尺寸为 1.2 m×1.7 m,窗的底部高度为 900 mm,是双扇窗,所以需要创建一个双扇的1.2 m×1.7 m 的窗类型。

点击"建筑"选项卡,然后点击"窗",如图 17.18 所示;再点击"载入族",如图 17.19 所示。

然后根据"建筑"→"窗"→"普通窗"→"平开窗"路径,找到名为"双扇平开–带贴面"的窗,即双扇窗,将其载入当前项目。

但此时的窗没有符合要求的尺寸,因此,需要创建新的窗族类型。点击"编辑类型",复制生成 1.2 m×1.7 m的族类型,将其参数中的宽度改为 1 200,高度改为 1 700,如图 17.20 所示。单击"确定",即完成 C3 族类型的创建。

图 17.16　标高选择

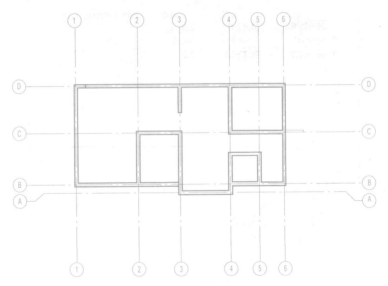

图 17.17　绘制墙体完成图

图 17.18　建立窗

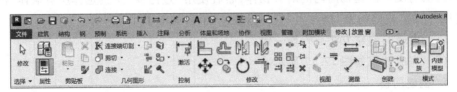

图 17.19　载入窗族

(a)"编辑类型"按钮   (b)类型参数设置

图 17.20 窗参数设置

（2）绘制门窗。按图纸位置放置门窗。放置门窗时,首先放置到对应的墙上,但墙上的准确位置可以暂时忽略。在完成放置后,再进行门窗位置的调整。

（a）调整门窗位置的方法:

如 CAD 图纸中窗 C3 到 1 号轴网的距离是 700 mm,可以使用标注尺寸来进行准确定位的调整。方法为:点击"注释",选择"对齐"命令(图 17.21),分别点选轴网 1、窗 C3 的左边线进行尺寸标注。然后,单击选中窗 C3,再点击标注上的数字,将其改为700,则窗 C3 将进行移动,与轴网 1 的距离变成 700 mm。

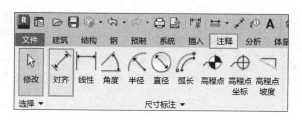

图 17.21 对齐操作

（b）门窗编号的修改:

放置门窗时,可以在主菜单上选择"在放置时进行标记",即可同时生成门窗编号。

但当前的门窗族类型的标记符号(门窗编号)与 CAD 图纸不符,所以需进行修改。以窗 C3 为例,修改方法为:

点击"编辑类型",将"类型标记"修改为"C3",点击"确定"。

选择"建筑"→"窗",勾选主菜单上的"在放置时进行标记",即可放置带门窗编号的门窗。

完成门窗放置后的效果如图 17.22 所示。

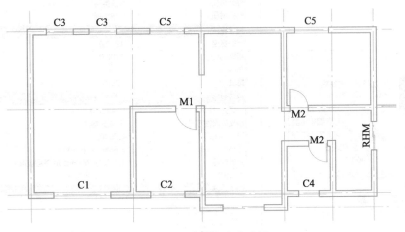

图 17.22　绘制门窗完成图

6. 创建楼梯

创建楼梯应先判断楼梯的样式,以二层平面图为例,从图纸中可以看到楼梯为三跑楼梯。然后需要判断楼梯的踏步数量,从图纸中可以看到,楼梯左侧 5 步,右侧 5 步,中间 8 步,整个楼梯是 18 步,且每个踏步的宽度是 220 mm。

(1)绘制详图线。画楼梯时,要有详图线进行配合,使用详图线作为楼梯的基准线,才容易定位楼梯的起点、终点、梯段宽度。

详图线的绘制方法:单击"建筑"→"注释",选择"详图线"(图 17.23),即可进行详图线绘制。绘制时,先大致绘制详图线位置,然后使用尺寸标注进行准确位置调整。

图 17.23　详图线操作

二层楼梯需要绘制的详图线有:三个梯段的踏步的起止位置线、梯段宽度线,效果如图 17.24 所示。

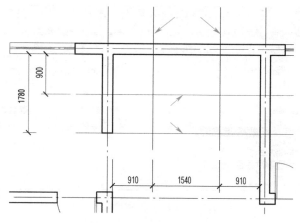

图 17.24　楼梯详图线绘制

需要注意,进行尺寸标注时,楼梯中有些尺寸是到墙边界的尺寸,但进行标注时却发现无法选中墙的边界线。这是因为,默认"常用属性栏"中定位是"墙中心线"(图17.25),若需定位墙的边界线,则需将其改为"核心层表面",即墙的结构边线,就可以选择墙的边界线了。

(2)绘制楼梯。基准线绘制完成后,就可以绘制楼梯了。

点击"建筑"→"楼梯",在属性中选择"整体浇筑楼梯"。"底部标高"设为"一层","顶部标高"设为"二层";"所需踢面数"是踏步的数量,因该楼梯总共18个踏步,所以修改为18;"实际踏板深度"修改为220。如图17.26所示。

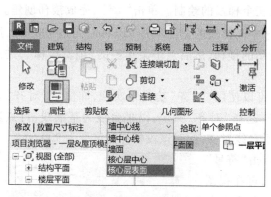

图 17.25　常用属性栏定位

图 17.26　楼梯属性设置

将常用属性栏中的"实际梯段宽度"改为910,如图17.27所示。

绘制楼梯时,默认梯段定位线是"梯段的中心点",如图17.27中左侧的常用属性栏"定位线"为"梯段:中心"。这里我们选择"梯段:左",就可以利用前面绘制的详图线与墙边线的交点进行绘制,如从图17.28中的3个交点作为梯段起始点,可以更快速地准确定位。

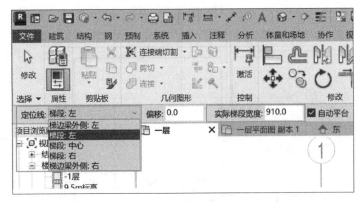

图 17.27　实际梯段宽度与定位线

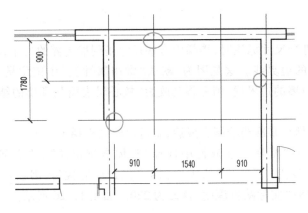

图 17.28　详图线与墙边线的交点

利用以上交点绘制左边的第一个梯段,向上先画出 5 个踏步;同样,利用以上交点绘制中间的梯段;最后,完成右边第三个梯段的绘制。单击"✔",完成楼梯创建。

(3)调整楼梯尺寸、位置。由于中间梯段的宽度不是 910 mm,而是 900 mm,所以要对其宽度进行修改。点击选中绘制的楼梯,然后点击菜单栏的"编辑楼梯",进入楼梯编辑界面。

将中间梯段宽度改为 900 mm,可以使用"对齐"功能来实现,即使用"对齐"将中间一跑楼梯的边界线与平台线对齐:选择"对齐"命令,以平台线为基准线,再点选中间一跑楼梯的侧边线,将侧边线与平台线对齐,此时该段楼梯宽度变为 900 mm。

在主菜单上点击"注释",然后点击"符号"选项卡下的"楼梯路径"(图 17.29),再在视图中点击选择楼梯,即可放置楼梯的路径和方向文字。

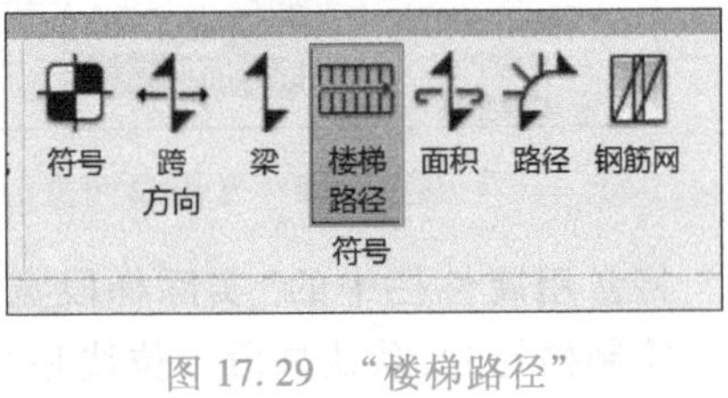

绘制完成的楼梯如图 17.30 所示。

7. 楼板

(1)创建楼板。以创建二层楼板为例。选择二层标高,单击"建筑"→"楼板"→"楼板:建筑"。

图 17.29　"楼梯路径"

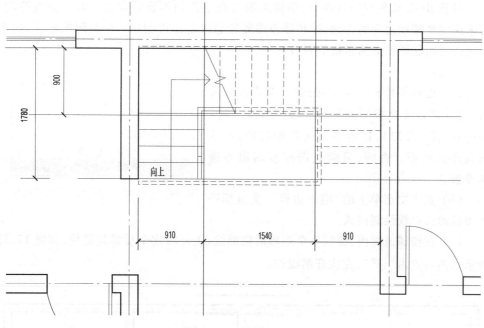

图 17.30　楼梯完成图

小别墅的楼板厚度为 100 mm，因此需创建一个 100 mm 厚的楼板类型，并使用该楼板类型进行绘制。

按照 CAD 图纸中二层的楼板范围，以直线方式绘制楼板范围（图 17.31）。绘制完成后，点击"确定"。若弹出信息，则选择"不附着"。

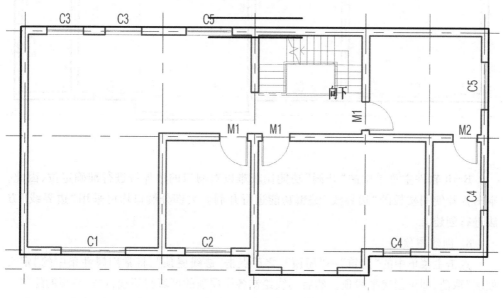

图 17.31　楼板完成图

（2）楼板开洞。楼梯处无楼板，因此需要在楼梯位置进行开洞。

　　虽然 Revit 软件有洞口命令,但使用洞口命令开洞不容易定位。对于楼板开洞,可采用编辑楼板边界的方法,即在楼板边界轮廓线内部再创建一个封闭的轮廓,这个新建的封闭轮廓就成为楼板的洞口。

　　方法:

　　(a) 选择该楼板。若无法选中,则点击屏幕右下角的"按面选择图元",使其变成没有"✖"的样式(图 17.32),即可点击选择楼板的面,从而选择该楼板。否则,只能点击楼板的边界选择楼板。

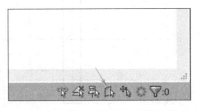

图 17.32　"按面选择图元"设置按钮

　　(b) 点击主菜单上的"编辑边界",会重新进入楼板的边界线绘制模式。

　　(c) 在楼梯范围内,绘制一个矩形的轮廓线,正好将这个楼梯包裹住,如图 17.33所示。然后点击"✔",完成开洞操作。

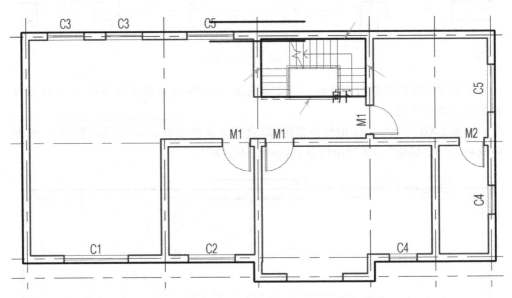

图 17.33　使用楼板"边界线"功能的开洞方法

　　Revit 软件主菜单中的"开洞"功能比较难以对洞口的边界线进行准确定位,因此,本书推荐使用楼板的"边界线"编辑功能进行开洞。大部分洞口均可采用"边界线"方法进行创建。

　　8. 创建屋顶

　　点击主菜单中的"建筑"→"屋顶",之后点击"迹线屋顶",将常用属性条中的"定义坡度"取消,即可创建平屋顶。然后用线绘制各个屋顶的区域封闭线,进行屋顶的绘制。

　　这里需要注意的是:CAD 图纸中的 9 m 是屋顶的顶部标高,而采用 Revit 软件的"屋顶"命令创建的屋顶标高表示其板底标高为 9 m,如图 17.34 所示。所以需要将该屋顶的标高降低,比如本例的屋顶板厚度为 100 mm,则要把标高降低 100 mm。

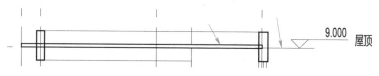

图 17.34 屋顶初始标高位置

以上为对小别墅项目进行 Revit 建模的基本流程与操作要点。最终创建的小别墅模型如图 17.35 所示。

图 17.35 小别墅模型完成图

第 17 章作业

资料 17.2
第 17 章作业
CAD 图纸(可下载)

第 17 章四色插图

参考文献

[1] 伊斯曼,泰肖尔兹,萨克斯,等.BIM 手册:第 2 版[M].耿跃云,等,译.北京:中国建筑工业出版社,2016.

[2] 廖小烽,王君峰.Revit 2013/2014 建筑设计火星课堂[M].北京:人民邮电出版社,2013.

[3] 叶志明,汪德江,姚文娟.土木工程概论[M].5 版:北京:高等教育出版社,2020.

[4] 赖少婷.CIM 技术,构建数字孪生的智慧城市[N].增城日报,2019-12-20.

[5] 罗赤宇,焦柯,吴文勇,等.BIM 正向设计方法与实践[M].北京:中国建筑工业出版社,2019.

[6] Bentley 软件(北京)有限公司.道路工程 BIM 设计指南:CNCCBIM OpenRoads 入门与实践[M].北京:机械工业出版社,2020.

[7] 米歇尔.AI 3.0[M].王飞跃,李玉珂,王晓,等,译.成都:四川科学技术出版社,2021.

[8] 中国通信工业协会物联网应用分会.物联网+BIM:构建数字孪生的未来[M].北京:电子工业出版社,2021.

[9] 刘广文,牟培超,黄铭丰.BIM 应用基础[M].上海:同济大学出版社,2013.

[10] 朱溢镕,谭大璐,焦明明.BIM 全过程项目综合应用[M].北京:化学工业出版社,2020.

[11] 袁烽,门格斯.建筑机器人:技术、工艺与方法[M].北京:中国建筑工业出版社,2020.

[12] 程远航.无人机航空遥感图像拼接技术研究[M].北京:清华大学出版社,2016.

[13] 孙彬,刘雄,贺艳杰,等.数据之城:被 BIM 改变的中国建筑[M].北京:机械工业出版社,2022.

[14] 龚仲华.ABB 工业机器人从入门到精通[M].北京:化学工业出版社,2020.

[15] 赵顺耐.Bentley BIM 解决方案应用流程[M].北京:知识产权出版社,2017.

[16] 卫涛,柳志龙,陈渊.基于 BIM 的 Tekla 钢结构设计基础教程[M].北京:清华大学出版社,2021.

[17] 刘广文.Tekla 与 Bentley BIM 软件应用[M].上海:同济大学出版社,2017.

[18] 刘少强,张靖.现代传感器技术:面向物联网应用[M].2 版.北京:电子工业出版社,2016.

[19] 张会霞,朱文博.三维激光扫描数据处理理论及应用[M].北京:电子工业出版

更多参考文献

社,2012.

[20]　丁烈云.BIM应用·施工[M].上海:同济大学出版社,2015.

[21]　杜修力,刘占省,赵研.智能建造概论[M].北京:中国建筑工业出版社,2021.

[22]　刘文锋,廖维张,胡昌斌.智能建造概论[M].北京:北京大学出版社,2021.

[23]　尤志嘉,吴琛,郑莲琼,智能建造概论[M].北京:中国建材工业出版社,2021.

[24]　中华人民共和国住房和城乡建设部.建筑信息模型应用统一标准:GB/T 51212—2016[S].北京:中国建筑工业出版社,2016.

[25]　中华人民共和国住房和城乡建设部.建筑信息模型施工应用标准:GB/T 51235—2017[S].北京:中国建筑工业出版社,2017.

[26]　中华人民共和国住房和城乡建设部.建筑信息模型设计交付标准:GB/T 51301—2018[S].北京:中国建筑工业出版社,2018.

[27]　中华人民共和国住房和城乡建设部.建筑工程设计信息模型制图标准:JGJ/T 448—2018[S].北京:中国建筑工业出版社,2018.

[28]　深圳市住房和建设局.深圳市工程建设标准图集:建筑工程信息模型设计示例:SJT 02—2022[S].深圳:深圳市住房和建设局,2022.

[29]　袁烽,胡雨辰.人机协作与智能建造探索[J].建筑学报,2017(05):24–29.

郑重声明

高等教育出版社依法对本书享有专有出版权。任何未经许可的复制、销售行为均违反《中华人民共和国著作权法》，其行为人将承担相应的民事责任和行政责任；构成犯罪的，将被依法追究刑事责任。为了维护市场秩序，保护读者的合法权益，避免读者误用盗版书造成不良后果，我社将配合行政执法部门和司法机关对违法犯罪的单位和个人进行严厉打击。社会各界人士如发现上述侵权行为，希望及时举报，我社将奖励举报有功人员。

反盗版举报电话　　（010）58581999　58582371

反盗版举报邮箱　　dd@hep.com.cn

通信地址　　北京市西城区德外大街 4 号
　　　　　　高等教育出版社法律事务部

邮政编码　　100120

读者意见反馈

为收集对教材的意见建议，进一步完善教材编写并做好服务工作，读者可将对本教材的意见建议通过如下渠道反馈至我社。

咨询电话　　400-810-0598

反馈邮箱　　gjdzfwb@pub.hep.cn

通信地址　　北京市朝阳区惠新东街 4 号富盛大厦 1 座
　　　　　　高等教育出版社总编辑办公室

邮政编码　　100029

防伪查询说明

用户购书后刮开封底防伪涂层，使用手机微信等软件扫描二维码，会跳转至防伪查询网页，获得所购图书详细信息。

防伪客服电话　　（010）58582300